开心学习系列

化学
原来可以这样学

（韩）孙永云 著　　（韩）元惠填 绘　李舟妮 译

九 州 出 版 社
JIUZHOUPRESS ｜ 全国百佳图书出版单位

著作权合同登记号：图字01-2010-6056号

本书由韩国文学墙出版社授权，独家出版中文简体字版

图书在版编目（CIP）数据

化学原来可以这样学 /（韩）孙永云著；（韩）元惠填绘；李舟妮译.

– 北京：九州出版社，2010.12（2024.3 重印）

（"读·品·悟"开心学习系列）

ISBN 978-7-5108-0780-0

Ⅰ.①化… Ⅱ.①孙… ②元… ③李… Ⅲ.①化学

– 青少年读物 Ⅳ.①O6-49

中国版本图书馆CIP数据核字(2010)第256835号

化学原来可以这样学

作　　者	（韩）孙永云 著　（韩）元惠填 绘　李舟妮 译
出版发行	九州出版社
地　　址	北京市西城区阜外大街甲35号（100037）
发行电话	（010）68992190/2/3/5/6
网　　址	www.jiuzhoupress.com
电子信箱	jiuzhou@jiuzhoupress.com
印　　刷	天津新华印务有限公司
开　　本	710 毫米×1000 毫米　16 开
印　　张	12
字　　数	140 千字
版　　次	2011 年 3 月第 1 版
印　　次	2024 年 3 月第 4 次印刷
书　　号	ISBN 978-7-5108-0780-0
定　　价	45.00 元

了解之后你就会发现，
化学是多么的妙趣无穷！

　　化学是一门与日常生活密切相关的学科。因为化学本身就是由炼金术（即：将铅或铜等贵重金属做成金的技术）发展而来的。此外，化学的发展不仅仅有赖于学术研究，它更是一门在生活用品的制造过程中逐渐发展起来的学问。因此，化学正式成为一门纯粹以研究为目的的基础学科的时间要比其他学科晚得多。但令人遗憾的是，如今的化学已被认为是实验室里的科学家才需要接触的学问，普通大众离化学的距离越来越远。而那些成天背诵化学符号和化学公式的学生更是觉得化学是一门毫无乐趣可言的枯燥学科。

　　但事实上，化学是一门生动有趣且妙用无穷的学科。从我们早起走进卫生间的那一瞬间开始，一天中遇到的所有事物都与化学有着千丝万缕的关联。例如，刷牙时用含氟的牙膏就可以防止蛀牙产生（本书中"化学变化的种类"），汽水必须要放在冰箱中冷藏才能保持碳酸饮料的清爽口感（本书中"气体的溶解度"），还有被用做铅笔笔芯的廉价石墨与珍贵的钻石竟然是由同一种原料构成（本书中"物质的成分与表现"），所有这些知识都是化学的组成部分。《化学原来可以这样学》这本书正是要告诉我们，化学并不是与我们的日常生活相距遥远的学科。本书中精心挑选了中学化学学习中最必不可少的一些主题，通过我们在生活中时常体验得到的"生活中的科学故事"等内容，让阅读本书的学生们感受到化学的趣味所在以及学习化学的必要性。

例如，本书中以电脑、手机显示屏中含有的液晶物质为例，介绍了物质状态变化的相关知识（本书中"液晶与等离子"）；以在医院打针前手臂上抹酒精为何会感觉冰凉为例，介绍了分子运动的相关知识（本书中"蒸发与扩散"），以干冰为何在塑料瓶或玻璃瓶里会爆炸为例，介绍了升华的相关知识（本书中"随状态而产生的能量得失"）；以高压锅为何能在短时间内做出美味的米饭为例，介绍了沸点的相关知识（本文中"物质的沸点"）。

如上所述，本书以我们周边随处可见的现象为例来讲解化学知识，使孩子们即使不去刻意背诵也能轻松理解那些看似深奥的原理概念。在这本书中，前人归纳总结出的概念原理得到了更精准详细的说明，只需要读完这一本书就能自然而然领悟各种化学知识，让学生们主动亲近化学，主动了解化学。

另外，本书各章节的最后一部分的"科学抢先看"中包含了2~3篇叙述型问题，这也是升学考试中会出现的。叙述型问题出现的比率提高也说明了死记硬背的学习方法将越来越行不通，取而代之的应该是以对概念和原理的理解掌握为侧重点的学习方式。这样才能获得理想的好成绩。

如果孩子再怎么努力学习化学成绩还是上不去，如果孩子的化学成绩拖了平均成绩的后腿，那就应该想一想是不是对科学基础概念的掌握出问题了。《化学原来可以这样学》正是为了解决学生们对科学概念掌握不牢的问题而编写的。希望孩子们能够通过本系列丛书，轻松愉快地掌握好各种科学概念和原理，同时也希望本丛书能够指引孩子们阅读更深层次的科学论述。

（韩）孙永云

contents 目录

第四章　物质的特性

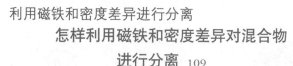

第六章　物质的构成

第七章 物质变化的规律

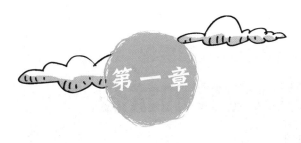

物质的三种状态

★物质的定义与状态变化　　物质是以怎样的状态存在的

★各种不同的状态变化　　物质的变化是怎样产生的

★液晶状态和离子状态　　除了三大状态之外，还有哪些状态

▶▶ 物质的定义与状态变化

物质是以怎样的状态存在的

这个世界上一切有质量的东西都是以物质的形态存在的。不管这些东西是坚硬还是松软，是无形还是可见，它们都是以固体、液体或者气体的形态存在。

假设 德谟克里特顾忌到亚里士多德的崇高威望而不敢发表自己的原子论，那我们还能看到现在这发展态势良好的化学产业吗？

生活中的化学故事 1

物体与物质有什么区别

大家都见过积木玩具吧，积木玩具是由各种不同大小和形状的木块组成。在玩积木时，我们需要将各种木块堆积组合在一起，创造出新的形状。对儿童来说，积木是一种有利于大脑开发的益智玩具。相信各位小时候也发挥过自己的想象力，试过用积木做房屋、小汽车或机器人吧。

事实上，我们仔细观察就可以发现，周围的许多物质都和积木有相似之处。例如，如果把玻璃杯看做是积木玩具，构成玻璃杯的玻璃就可以看做是一块块积木；如果把金戒指看做是积木玩具，构成金戒指的金子就可以看做是一块块积木；如果将橡皮擦看做是积木玩具，那么构成橡皮擦的橡胶也可以看做是一块块积木。

积木

从科学的角度来看，像玻璃杯、金戒指、橡皮擦这样可以被看做积木玩具且具有一定面积的东西就称为物体。像玻璃、金子、橡胶等可以被看做是一块块积木、用于制造物体的东西就称为物质。所有的物质都是按照严格的区分而分别命名。

此外，物质是由"颗粒状"的分子所组成的。分子是表现物质固定形态和性质的最小单位（化学中，我们说分子是保持物质化学性质的最小粒子）。而分子又是由比它更小的微粒——原子所组成，原子与分子不同的是，原子不可以表现物质的固有特性（原子是化学变化中的最小粒子）。

另外，自然界中存在的所有物质都可以被分为固体、液体、气体这三大类。例如，冰、水、水蒸气虽然属于同一种物质，但它们却是以完全不同的形态存在着。固体是我们生活中非常常见的物体，它拥有一定的形状和体积，且形状不会轻易改变；而水或酒精之类的液体，会由于装盛它们的容器形状不同而改变自身的形状，但它们的体积是固定不变的；空气之类的气体与固体和液体不同，它们的形状和体积都不固定，且大部分无色无味。

冰激凌为什么会融化

炎热的夏日里，一个小小的冰激凌就能让我们暂时忘记阳光的炙烤，感觉到阵阵凉爽。但是如果将冰激凌长时间地拿在手上，融化的冰激凌可能会给我们带来一些麻烦。不过只要将融化的冰激凌放入冰箱冷冻室中，它就能再次变回固体的冰激凌。

除了冰激凌外，还有不少东西会熔化。坚硬的钢铁放入炙热的炼钢炉中也会熔化成水一样的液体。当炼铁炉的温度超过了1500℃，可以轻易将固体形态的铁熔化，如同冰激凌冰冻后会再次变回固体一般，将变成液体后的铁静置一段时间后，它又会重新变得坚硬成为固体形态的铁。当然，在这个过程中，我们可以使用各种不同的模具来盛装液体铁，这样就能将熔化的液体铁改造成任意的新形状。

那么融化后的冰激凌与融化前的味道有什么不同吗？

答案是否定的。不管冰激凌处于固态还是液态，它的味道都是甜甜的。物质在熔化或凝固的时候本身的质量与性质总是保持不变的，唯一产生变化的只有物质的形态。这是因为物质发生形态改变的原因就是：构成物质的分子的排列结构发生了相应的变化。所以从外部看，物质的形态改变了。而构成物质的

在炼钢炉中熔化为液体的铁

4

分子是固定不变的。也就是说，当物质处于固体状态时，内部分子是有规律地排列着，并拥有一定的形状和体积；加热之后，分子开始运动，原本的排列也被打乱，于是就形成了液体。

什么是物质

▶▶ 在古代人的眼中，物质是什么呢？

坐在教室中静静地观察一下四周。你的眼前放着课桌，课桌上放着书本、橡皮擦和中性笔；如果你抬起眼睛看一看更远的地方，就会看见黑板和窗子。现在，我们知道把这些眼睛看得见的某种形体称为物体。而这些物体又是由橡胶、铁、玻璃、纤维等物质构成的。而事实上一直到2000多年前，人们才知道这些物质都是由非常小的微粒组成的。

第一个提出"原子构成物质，物质构成物体"的人就是希腊的哲学家德谟克里特。

德谟克里特
（公元前460—公元前370）

数学上有名的定理——圆锥体的体积等于同底等高的圆柱体的体积的三分之一，也是由他第一个提出的。

他看到树木燃烧时产生的烟雾在空气中消失，突然联想到或许那看起来密实的空气中是存在空隙的，而空气中没有空隙的地方则存在着一些非常小的颗粒。紧接着德谟克里特又想到，将物质不断地分解为更小的颗粒，直到不能再分解时剩下的物质就是原子（Atom，来源于意为"无法再分割"的希腊语"Atomos"）。但是，德谟克里特的原子论在很长时间里并没有得到人们的认可。因为在当时，比德谟克里特名气更大的哲学家亚里士多德提出了

完全不同的理论。

　　当时亚里士多德认为，再小的微粒也能分解为更小的微粒，所以像原子那样的微粒是并不存在。他还认为，自然界中不存在真空状态，因为自然界中存在的所有物质都是神所创造的完美之物，它们相互之间都有联系，永远不可能孤立存在。此外，他还提出了"物质拥有4种性质"的主张，即热、冷、干燥、湿润4种状态相结合，产生了火、水、土、空气4种元素，而这4种元素相结合之后就形成了千变万化的世间万物。照他的理论来讲，如果真空状态确实存在的话，物质中的各种元素就根本无法相互结合了。

　　亚里士多德的理论一直到1803年才被英国科学家道尔顿推翻。为了进一步解释拉瓦锡在1774年发现的质量守恒定律（在发生化学反应时，反应前物质的质量与反应后物质的质量是完全相同的），道尔顿用科学的方式证明了原子论。道尔顿的原子论如下所述：

1.自然界中所有物质都是由无法再分解的原子所构成。

2.相同种类的原子大小和质量也相同。

3.一种类型的混合物通常都是由一定种类和数量的原子构成。

4.发生化学变化时，原子只是发生了位置变化，原子之间并没有发生反应，原子数量也没有发生增减。

正因为有了他的发现，今天的人们才知道了物质是由原子构成的。现在，经过无数代科学家的执着研究，人们知道在特殊情况下原子也可以再分解，且原子也是由电子、中子、质子等微粒构成的。所以，人们将道尔顿的原子论称为"古原子论"。目前的研究还表明，中子和质子还可以继续分解为更小的微粒。那么构成物质的最小微粒究竟是什么呢？这个问题至今仍然是未解之谜。

▶▶ 物质的三种状态

在自然界中，物质是以固态、液态、气态这三种形态存在着的。固态（如冰块）拥有一定的体积和形状，而且其体积和形状基本不受温度和压强的影响。同时，固体根据微粒排列的不同，分为微粒排列规则的晶体固体和微粒排列不规则的非晶体固体。

液态（比如水）虽然体积是固定的，但是会根据装盛容器的形状不同而拥有不同的形状。液体的体积虽然会由于温度变化而变化，但基本不会因为压强而改变。

气态（比如水蒸气）的形状不固定，只有在密闭式的空间里才能被储藏。储藏气体的空间体积就是气体的体积，不过气体体积会随着温度和压强的变化而发生较大改变。

▶▶ 物质的状态变化

水是不断地循环往复的。大家都知道，海水蒸发会变为水蒸气，空气中的水蒸气又会变为雨水，雨水又会结成冰。而物质之所以会不断以不同的状态存在，正是因为温度变化的缘故。

海水(液体) ──温度上升──▶ 水蒸气(气体) ──温度下降──▶ 雨水(液体) ──温度下降──▶ 雪或冰(固体)

这样的变化就称为状态变化。自然界中存在的大部分物质都和水一样会发生状态变化。

关于物质的定义和状态变化的叙述型问题

 如下图所示，我们吹泡泡的时候只要将肥皂泡吹到一定程度，泡泡就会破掉。为什么泡泡吹到一定的程度就会破掉呢？

因为物质是由分解到一定程度就无法再分解的微粒构成。如果按照亚里士多德的理论，也就是"物质是可以无限分解"的理论来看，肥皂泡应该是可以无限变薄且无限增大的。但由于构成肥  皂泡薄膜的微粒厚度有限，不停地吹下去必然会破掉。这样的事实也证明了德谟克里特的原子论是正确无误的。

 我们为什么要将可回收垃圾与不可回收垃圾分开放置呢？

易拉罐、玻璃瓶、塑料瓶等废置物品应该与其他垃圾分开放置。因为这些物质洗净加热之后可以变为液体，利用其状态变化又可以将它们重新凝固之后制造成新的物品。垃圾的回收利用不仅可以为新产品的生产节省费用，还能节约资源，并防止这些难以腐烂的废弃物品污染地球。

蜡烛是由一种名叫烷烃的物质构成。我们将蜡烛放在火旁时，蜡烛虽然会熔化却并不会燃烧。而当我们用火将蜡烛芯点燃时，火会很快燃起来，而蜡烛却能一直保持形状直到全部消耗完。请参考物质状态变化的相关知识来说明其中的原理。

当蜡烛芯被火点燃时，蜡烛芯周围的固体烷烃受热熔化为液体并被蜡烛芯所吸收。蜡烛芯顶端附近的液态蜡烛遇热变为气体，这种气体使得火持续燃烧。也就是说，在燃着的蜡烛上烷烃以液体、气体、固体三种状态同时存在。由于火是由烷烃气体点燃的，所以一直到蜡烛芯和烷烃完全消耗完之前烛火都会一直燃烧。

▶▶ **各种不同的状态变化**

物质的变化是怎样产生的

固体、液体、气体并不是永远以固定的形式存在，他们是可以相互转化的。而物质状态发生改变的条件是温度或压强等因素的改变。

假设 水在温度变化的条件下无法变为冰的话，我们就吃不到冰激凌了吧？

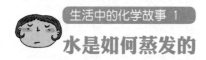

生活中的化学故事 1

水是如何蒸发的

每当下雨时，坑坑洼洼的路面就会产生大大小小的水洼。但如果雨停之后天气不断放晴，那些水洼里的水又会渐渐变少最后完全消失。那么，这些水洼里的水究竟去了哪里呢？它们真的消失不见了吗？

晾晒在晾衣绳上的衣服
湿衣服因为蒸发现象而变干

还有这样的情况。妈妈在家烧了一锅骨头汤，但是有事出去了一会儿。就在妈妈出去的时间里，骨头汤里的汤汁竟然全都不见了，烧汤的锅被烧得黑乎乎的，难闻的烟味儿甚至

将消防车也惊动了。

那么，原本装在锅里的骨头汤汁究竟去了哪里呢？

事实上，这就是液体变为气体的状态变化而引起的现象。像水那样的液体即使在没有温度变化的情况下静静放置，表面的液体依旧会变为水蒸气。这样的现象我们就称之为蒸发。水洼里的水消失，洗过的衣服被晒干，汗水流下来又变干……所有这些现象都是蒸发现象。

此外，如果我们把水加热，液体的水也会变为水蒸气。这种现象就被称为汽化。还有当液体温度变高时，液体内会产生气泡，液体内部也会发生汽化现象，这样的现象就被称为沸腾。当液体沸腾时，汽化也就进行得更加迅速了。

还有气体转化为液体的现象，这种现象被称为液化。

你一定见过做饭时锅盖上结出的一滴滴小水珠吧？那就是汽化

后的水蒸气遇到温度较低的锅盖时再次凝结成了水，这种现象我们就称之为液化。同样的道理，我们在夏天喝冷饮时看到饮料瓶上自然形成的小水珠就是液化凝结产生的。这种凝结现象是由于空气中的水蒸气遇到了冰凉的饮料瓶，失去热量的水蒸气也就再次凝结为了水。

生活中的化学故事 2

霜是怎样产生的

不知道大家有没有这样的经历，在冬天的早晨醒来看到窗外泛着白光，满心欢喜以为是下雪了，仔细一看才失望地发现不过是霜降。冬天的早晨，草坪、树叶或者地面上总是容易结霜，那么霜究竟是如何产生的呢？

由于空气中含有水蒸气，当冬天气温低至零下时，清晨地面附近的水蒸气就会失去热量凝结为冰。这些冰就是"霜"了。窗子上的"霜花"也是一种霜。像这种气体变成固体的现象，我们称为凝华。

此外，我们还能在生活中看到许多固体直接变为气体的现象：冰激凌店里的工作人员包装冰激凌时，总是要在包装袋中放一些干冰（固体CO_2的俗称）。时间长了，这些干冰就会渐渐变小甚至消失。还有放在衣柜中防虫的樟脑丸，时间长了也会变小消失。这种固体变为气体的现象，我们称为升华。

干冰

状态变化的魔术

▶▶ 固体、液体之间魔术般的转化 熔化与凝固

物质的三种状态（即固体、液体、气体）与分子之间的间隔及其排列状态有着密切关系。

在固体状态下，分子间距离短，相互间作用力大，所以每个分子只能在自己的位置上震动，并不能自由移动。如果给固体加热，每个分子的运动会变得激烈，分子间的作用力发生改变，分子间距变大，继而形成液体状态。

在液体状态下，分子的排列虽然呈分散不规则状，但相对排列较为紧密。如果给液体加热，每个分子的运动会变得激烈，分子间

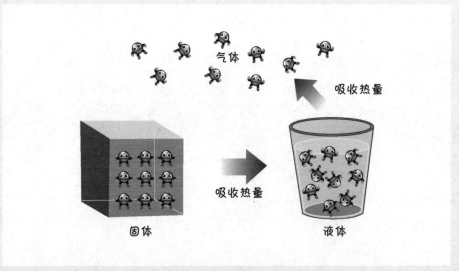

根据分子排列不同而产生不同的物质状态

的作用力发生改变，分子间距变得更大，继而形成气体状态。

反之，当分子运动剧烈的气体遇冷温度下降时，分子的运动相应减弱，分子间距相应减小，继而变成液体状态；如果温度进一步下降，物质就会继续从液体变为固体。像这样从液体变为固体的过程称为凝固。相反，固体变为液体的过程称为熔化。

前面我们讲过了晶体固体和非晶体固体，晶体固体在熔化变为液体时的温度叫做熔点；晶体固体在形成时也有确定的温度，这个温度叫做凝固点。同一种晶体固体的熔点和它的凝固点是相同的。而非晶体固体是没有熔点和凝固点的。

▶▶ 液体、气体之间魔术般的转化　液化与汽化

气体变为液体的过程称为液化，液体变为气体的过程称为汽化，液化和汽化的发生不仅与温度有很大的关系，前面我们讲到，物质在凝固或熔化时会很大程度上受到温度的影响，但基本不会受

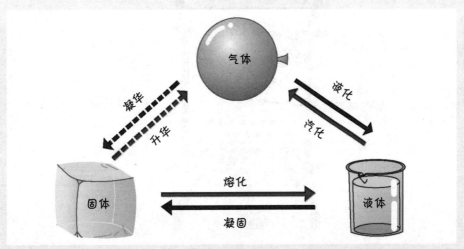

物质的三种状态

到压强的影响。但是，在物质发生液化或汽化现象时，温度和压强会同时对物质造成影响。

▶▶ 固体、气体之间魔术般的转化 升华与凝华

通常，固体想要变成气体或者气体想要变成固体都必须经过液体状态。但是有一部分物质可以跳过液体状态直接从固体变为气体或从气体变为固体。这样的现象我们称之为升华或凝华。

在升华现象发生时，固体状态的分子原本在自己的位置上震动，但由于急剧的温度上升而摆脱了原有的规则排列变为自由移动。反之，当凝华现象发生时，原本自由移动的气体状态下的分子由于温度的下降，运动骤然减缓，不得不回复到规则排列的状态。

烧杯底部的碘原本是固体状态。用酒精灯加热之后，碘并没有像其他物质那样熔化为液体，而是直接变为气体，让整个烧杯中充

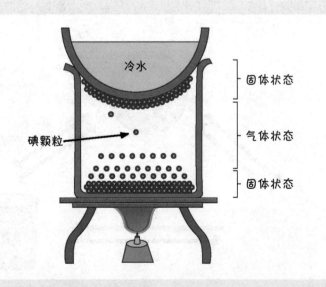

碘的升华实验

满了紫色的烟雾。然后我们用装满冷水的烧瓶底部将碘蒸气冷却，这时的碘蒸气也直接跳过了液体状态变为了固体。像这样跳过液体状态直接从固体变为气体或者从气体变为固体的物质就被称为升华性物质。除了碘以外，樟脑丸或干冰等物质都是升华性物质。另外，水也可以被看做是升华性物质，因为水蒸气可以直接变为冰，冰也可以直接变为水蒸气。

关于物质的定义和状态变化的叙述型问题

 不知道你有没有这样的经验，在寒冷的冬天从室外突然进入温暖的地方时，眼镜上会结起一层讨厌的雾。那么这种现象是如何产生的呢？

这与夏天装冷饮的杯子表面会产生水珠是同样的原理，即眼镜表面发生了液化现象。当我们在寒冷的冬天从外面戴着眼镜突然走进温暖的地方时，空气中的水蒸气遇到了冰冷的眼镜表面，继而失去热量凝结成水珠，所以眼镜上就产生了一片白蒙蒙的雾。

云、雨、烟雾、露珠分别是怎样产生的呢？

地表的水蒸气在上升过程中随着高度增加温度下降产生了液化现象，凝结成了水珠。凝结后的水珠和水珠继续凝固形成的冰共同组成了云。云里面较大的水珠由于重量的缘故下落至地面就形成了雨。烟雾是空气中的水蒸气遇冷产生的，与云的不同之处就在于它飘浮在距离地面更近的空气中。露珠是发生凝结现象的水珠附着在地面的物体上形成的。

在寒冷的冬天，我们是不能用热水来将下图中小汽车车窗上的霜花去除的。这是为什么呢？

在寒冷的冬天，用热水来去除小汽车车窗上的霜花按常理说应该是合理的做法，但从科学的角度来看这样做是错误的。因为在热水中，蒸发现象产生得更加剧烈，车窗玻璃的热量损失会更大，玻璃会冻得更硬的。

此外，热水在泼洒时比装盛在容器中时其表面体积更大，所以蒸发的水分子数量也就更多了。剧烈的蒸发也象征着水的热量在急剧减少，温度在急剧下降。因此，用洒热水的方法来除去霜花只会让玻璃上结的冰更多。用温热的水来去除霜花效果更佳。

▶▶ 液晶状态和离子状态

除了三大状态之外，还有哪些状态

物质除了有固体、液体、气体三种状态之外，还有其他状态呢。液晶状态和离子状态就是物质的其他状态。

假设 有一种物质既是固体又是液体，它能在我们的生活中发挥怎样的作用呢？

生活中的化学故事 1

手机显示屏是什么做的

我们可以一边看着手机显示屏，一边打电话或接电话。不仅如此，我们还可以通过显示屏阅读简讯或者看手机视频。显示屏能够为我们展示如此丰富多彩的内容，那么显示屏里的液晶究竟是一种怎样的物质呢？

介于液体与固体之间的液晶

所谓"液晶"，就是一种既是液体状态又拥有固体性质的物质。它既拥有液体的流动性（像水一样可以随意变换形状且可以流动），又带有固体的光学性质（即具有发光反射的性质），是一种中和性

物质。

　　LCD（Liquid Crystal Display:液晶显示器）其实就是两片薄薄的玻璃板加上中间的液晶物质，接通电流之后就可以显示图像了。它的成像原理就是液晶物质在受到温度和电流的影响时，内部分子排列会发生变化，这些变化导致有的光线被透射、有的光线被阻断，继而形成了丰富多彩的影像。液晶显示屏的优点是耗电量低、原材料价格低廉、可制造成小型产品。但和显像管比起来，它又有寿命较短、画面暗沉的缺陷。不过，由于液晶显示屏的优势明显，目前已经被广泛运用于电子表、数码相机、电脑、电视机等各个领域。

生活中的化学故事 2
什么是离子状态

　　PDP（Plasma Display Panel:等离子显示屏）电视机销得非常火爆。而PDP事实上也利用了物质的状态变化。所谓的"PDP"就是

PDP电视机

用人为的方式制造出名为"离子"的特殊物质，再利用离子来显示影像。

离子状态就是指原本不带电的微粒在高温或电压的影响下转化为带电微粒的过程。也有人将离子状态称为除固体、液体、气体以外的物质第四种状态。

在我们的周围很难找到离子状态的物质，但在宇宙中，离子状态却是一种最常见的状态。例如，大部分的星球表面都为离子状态，包括我们太阳系中独一无二的恒星——太阳的表面也是离子状态。在太阳黑子剧增的时期，人们时常观测到的耀斑（**太阳黑子附近的色球或日冕最底端突然发生的喷涌现象**)就是在几千万摄氏度的高温下燃烧的离子物质。

利用离子状态制造而成的PDP电视机事实上是由两张薄薄的玻璃板和氩、氖等混合气体组成，只要加入超高电压，这些气体分子就会转化为离子状态。此时会产生一种我们肉眼看不到的紫外线，玻璃板上涂抹的荧光物质和紫外线发生反应，就形成了我们看得见的影像。这种原理制造出的影像清晰明亮，比液晶显示屏

人们观测到的太阳上的耀斑

的效果要好很多，但缺点是耗电量过大。所以PDP多用于制造大型产品。

除了三种状态之外的其他状态

▶▶ 液晶和离子状态

最新研究发现，自然界中的物质除了拥有固体、液体、气体三大状态之外，在某些特殊条件之下还会转化为一些特殊状态。液晶和离子状态就是特殊状态的典型代表。

同时拥有液体和固体双重性质的液晶

液晶的英文是"Liquid Crystal"意为"液体结晶"。也就是说，液晶既是液体又拥有固体的特征。表面上看液晶和液体并没有区别，但是它和宝石一样，可以透过不同的角度折射光线。目前液晶主要被用于制作笔记本电脑和手机等的显示屏。

值得一提的是，前面讲到的用来制造手机显示屏的热致液晶高分子（Thermotropic)是一种状态会随温度的变化而发生改变的特殊物质。利用这种特殊性质，就能让某些光线通过液晶发光，让另一些光线无法通过液晶发光，综合起来就构成了我们肉眼所看到的手机屏幕上的各种文字和图像。

液晶物质具有耗电量低的优点，所以被广泛运用于制造移动设备的显示装置。最近，超高画质电视机或大型壁挂式电视机也采用了液晶显示屏，看来液晶的用途越来越广了。

物质的第四种状态——离子态

离子态也被称为除固体、液体、气体外的物质的第四种状态。把气体放在几万摄氏度的高温下进行加热，构成气体的原子就会重新变回电子和原子核分离的状态，这种状态就被称为离子状态。尽管离子态的物质在我们周围很难见到，但是放眼整个宇宙就会发现，离子态的物质比固态、气态、液态的物质要多得多。

在接通电源的荧光灯、打雷时的气体中都可以发现离子态的物质。在南北极地区出现的极光中也可以找到离子态物质。

科学家的研究表明，太阳总是持续不断地朝宇宙空间发射离子物质，地球的磁场也是因为这些离子物质而形成的。飞往地球的离子态物质中有一部分被地球磁场吸引，以大约500 km/s的超高速度进入大气层。在这个过程中，带着超高能量的太阳离子物质与空气分子发生冲撞形成了五彩斑斓的光芒，这些光芒就是所谓的极光了。

极光

此外，科学家们还发现，星球内部以及围绕在星球周边的气体以及星球之间充斥的氢气大部分都处于离子状态。以前，只有科学家们才了解离子态物质，大部分的普通人都对此一无所知。但是随着PDP电视机的推出，我们渐渐明白了我们的生活空间里除了固体、液体、气体之外还存在着一些特殊状态的物质，我们正是利用这些状态特殊的物质创造了各种方便快捷的生活用品。

关于液晶状态和离子状态的叙述型问题

现在，我们使用的电脑和电视机大部分都采用了LCD。LCD就是利用液晶物质制造而成的。下面这幅图向我们展示了液晶物质在LCD里是怎样发挥作用的。请观察图画中绿色液晶分子的排列状态，并说明液晶物质的作用。

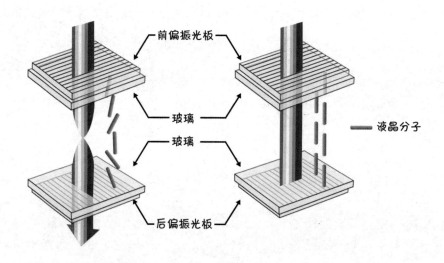

前偏振光板

玻璃

玻璃

后偏振光板

液晶分子

LCD的显像原理是：用电流来调节前偏振光板和后偏振光板间的液晶物质的分子排列，从而调节透射光线的数量。正如图片上显示的那样，LCD的两块偏振光板之间装满了液晶。但左图中液晶物质的分子是从上至下逐渐扭曲，最顶端和最末端的液晶分子排列状态是相互呈90°角的。

在这种状态下，通过上端偏振光板进入的光线受液晶分子排列的影响呈90°弯折，从而得以通过下端的偏振光板。（我们可以看出上下偏振光板的滤光器是一边纵向排列，一边横向排列的。因此纵向透射过来的光线必须要改变角度才能通过横向的偏振光板滤光器。）就这样，透射过的光线形成了我们所看见的LCD画面。

另一方面，右图中组成各层的所有液晶分子排列全部相同，从上端偏振光板进入的光线角度没有发生弯折，而是直接通过液晶，所以无法通过下端横向放置的偏振光板滤光器。在这样的情况下，光线无法穿透玻璃，所以在画面上也不会发生显像。LCD正是利用上述原理，让构成LCD画面的各点（像素）透射光线或者阻断光线，从而形成丰富多彩的画面。

如果在气体中加入超强的能量，构成气体的微粒就会成为带电微粒，继而形成离子状态。"离子"这个词听上去非常陌生，但是我们的日常生活中有不少东西都利用了离子态，你能举例说明有哪些东西利用了离子态吗？

在打开日光灯的时间里，离子态的物质存在于日光灯里面。此外，街道上的霓虹灯也是利用了离子态，空气清洁剂中的空气净化物质也是利用离子态的物质制造而成的。还有我们非常熟悉的自然现象——南北极的极光也是因为离子态物质而产生的。

第二章

分子的运动

★蒸发与扩散　　蒸发与扩散是怎样产生的
★气体的体积变化　　气体的体积是怎样变化的

蒸发与扩散是怎样产生的

蒸发和扩散现象就好像变魔术一样。比如静置在鱼缸里的水总是悄悄变少，再比如我们只要闻一闻飘散而来的香气就能猜到隔壁家里今天做了哪些菜。

假设 没有分子运动的话，这些变魔术一般的现象还会发生吗？

生活中的化学故事 1

为什么涂抹酒精会让人感觉凉爽

在我们打针之前，护士们总是会用沾过酒精的棉球抹一抹要注射部位的皮肤，这时候我们会感觉一阵清凉。事实上，这种清凉感是因为液体表面的分子有一部分变为气体飘向天空，从而带走了一些我们身体中的热量。像这种液体表面的液体分子变为气体飘向天空的现象就被称为蒸发。清晨，草坪上的露珠在太阳升起后消失不见，也是一种蒸发现象。如果构成物质的分子不会移动的话，液体表面就不会发生蒸发现象了。

蒸发现象在某些特殊状况下更为活跃。例如，在比春秋天气更晴朗的夏日或是风大的天气下，湿衣服会干得特别快。

这是因为温度越高、湿度越低（越干燥）、风越大的情况下，液体的蒸发速度就越快。此外，蒸发速度还和液体的种类有关，例如，酒精的蒸发速度比水快得多。

生活中的化学故事 2

咖啡为何会在热水中快速溶化

当我们走进花店时，即便不把鼻子凑到花前也能闻到扑鼻的花香，这究竟是为什么呢？当我们把墨水滴入水中时，墨水会自动在水中扩散开来，这是为什么呢？还有咖啡明明是固态的粉末，放进热水中却溶为液体，这又是为什么呢？

所有这些现象都是因为构成物质的颗粒或分子跑到了气体或液体中去。这样的现象

墨水的扩散现象

就称为扩散。扩散与蒸发一样，都是由于分子运动而产生的现象。此外，咖啡溶解在水中也是固体分子的扩散现象。当固体溶入水中时，构成固体的颗粒与水分子一起运动扩散开来。花朵的香气在空气中扩散、墨水在水中扩散等现象都属于扩散。

值得注意的是，咖啡在热水中比在冷水中更容易溶解。为什么会出现这样的差别呢？这是因为咖啡溶入水中时，咖啡颗粒与水相溶产生了扩散现象。此时如果水的温度越高，水分子间的距离就越远，咖啡分子就越容易在水分子的间隙中扩散开来。由此可见，扩散在某些特定条件下可以进行得更为激烈。分子的质量越小、温度越高，扩散现象就发生得越快。

蒸发与扩散在何种情况下效果更显著

▶▶ 分子永不停止的运动

水的蒸发、墨水在水中的迅速扩散都与物质的分子运动有密切关联。所以如果想要了解蒸发与扩散的特点，首先应该了解分子运动的相关知识。

构成物质的分子总是永不休止地运动着。橡皮擦、铅笔还有笔记本，这些看上去一动不动的物体事实上也在自己的位置上轻微地运动着。固体状态下分子的运动最为缓慢，气体状态下分子的运动最为迅速，这是因为固体比气体携带的能量要少。分子吸收的热量越多，运动就越激烈。此外，质量越小的分子运动越快，质量越大的分子运动越缓慢。同时分子的运动没有固定的方向，是很难预测的。

我们很容易通过对液体表面的观察发现分子的自身运动。因为在我们周围，构成液体物质的分子在空气中蒸发为气体的现象是随处可见的。

▶▶ 蒸发和扩散的适应条件

温度越高、风越大、液体表面的面积越大，蒸发的速度也就越快。所以，如果我们在阳光充足又有风的日子里将洗完的衣服摊开来晾，衣服很快就会干的。

此外，扩散在气体中发生的速度比在液体中发生的速度快，这是因为构成气体的分子之间的距离比构成液体的分子之间的距离要远。所以在气体中扩散的物质的分子移动受到的阻碍更小，扩散的速度自然也就更快了。而在没有气体的真空状态下，发生扩散现象的物质的分子运动受到的阻碍为零，扩散的速度自然也就最快了。

总之，我们通过蒸发和扩散现象可以得知：构成物质的分子不是静止不动的，它们无时无刻不在运动着，而且温度越高分子运动的速度也就越快。

关于蒸发和扩散的叙述型问题

在阳光照射的窗边，我们可以看到空气中飘舞的灰尘。灰尘的运动背后藏着什么样的科学原理呢？

灰尘与构成空气的分子发生碰撞，所以产生了运动。我们仔细观察就可以发现，灰尘的运动是毫无规则的。这种无规则的运动就被称为布朗运动。人们把液体或气体中悬浮微粒的无规则运动叫做布朗运动。布朗运动就是指不管什么微粒，只要足够小，就会发生这种运动，而且粒子越小，运动就越明显。这说明这种运动不是生命现象。

通常在其他国家，人们通过一种名叫岩盐的石盐来获取食盐。但在没有岩盐的韩国，人们只有通过如下图所示的方法用海水来获取食盐。通过海水来采盐的过程是怎样的呢？

在韩国，人们为了制造食盐而开垦了许多和水田一样的盐田。人们在盐田中将海水聚集起来，让海水在阳光和风中蒸发，于是海水里的盐分就结成了结晶。

最近，人们还发明了新的制盐途径。只要在工厂中对海水进行通电处理，就能迅速分离出盐来。所以现在用盐田采集食盐的人也越来越少了。

我们经常可以看到，缉毒警察带着久经训练的警犬进行毒品检查。下图也是一只正在检查毒品的毒品检疫犬。那么为什么毒品检疫犬可以检查出毒品呢？

构成毒品的分子不管密封得多么严实，始终都会因为分子运动而产生扩散现象。所以这些毒品分子始终会跑到空气中来。

久经训练的毒品检疫犬拥有比人类更加敏锐的嗅觉，所以即使是超少量的毒品分子也能被它们嗅出来。不管毒品藏得多么隐蔽，毒品检疫犬都能轻而易举地将它们找出来。

链接抢先看

布朗（1773—1858）：英国植物学家。1827年，布朗在研究植物授粉的过程中，无意间在显微镜下发现，悬浮在水中的花粉在不停地做无规则的运动。这是不是因为植物有生命而造成的呢？布朗为了解开这个谜底，用当时保存了上百年的植物标本，取其微粒进行实验，并另外取了一些没有生命的粉末进行实验。布朗发现，不管什么微粒，只要足够小，就会发生这种运动。而且微粒越小，运动就越明显。为了纪念布朗的这个发现，人们将这种运动叫做布朗运动。

▶▶ **气体的体积变化**

气体的体积是怎样变化的

我们已经知道，气体的分子运动要比固体、液体的分子运动活跃得多。正因如此，空气的运动才会让人感觉到"风的存在"。此外，温度越高、压力越小，气体的分子运动也就越活跃，气体的体积也就越大。

假设 我们要将气体封存起来，在哪种条件下可以封存得最密实呢？

  生活中的化学故事 1

为什么气球可以在天空中高高飘荡

游乐园和公园里最常见到的就是气球了。如果不紧紧抓在手中就随时可能飞上天的气球，光是看一看就让人心情愉悦了。为了感受一下那份愉悦的心情，在路边小摊买来一个橡皮气球，用嘴往里面吹满气，满心以为橡皮气球可以高高地飞上天，结果却发现只能掉在地上。这种无可奈何的现象是因为公园或游乐园里卖的气球里装的是氢气或氦气。由于氢气是可燃性物质，遇到火花时有爆破的危险，所以现在我们通常使用氦气来充气球。

氦气气球

39

这些气体比空气更轻，所以气球能够高高地飘向天空。人口中吹出的气体含有比空气更重的二氧化碳成分，所以用嘴吹出来的气球是不会飘起来的。

你有没有试过在游乐园中一不小心将手中的气球放飞呢？脱手的气球会飞到比房子更高的地方，最后变成一个黑色的小点。正是因为质量比空气轻，气球才会一直往上飞。

不过随着高度的增加，气球会渐渐变大直至最后爆炸，这又是为什么呢？

事实上，这是因为大气层的空气比地表空气要少，气压也要相对低很多。在气压较高的地表上，气球里的气体分子维持着较小的体积，当飞上天空之后随着高度的增加气压变得越来越小，于是气球内的气体体积也就越来越大。对此我们还可以进一步详细说明：

在气球升空的过程中，气球表面所受到的压强逐渐减小，气球内的气体分子活动相对更加自由，分子间隔也就变得更远了。在这样的情况下气球就会越变越大，最后气体的体积超出了气球可以承受的范围，气球也就爆炸了。

饮料瓶为什么会变瘪

将喝完饮料的饮料瓶长时间放置在室温之下，然后再放入冰箱冷藏之后拿出来，就会发现饮料瓶会变得瘪瘪的。但如果将变瘪的瓶子放在阳光照射的地方，过一段时间饮料瓶又会变得膨胀起来。饮料瓶的膨胀和瘪缩也是因为温度变化而引起的气体体积变化。

上述现象告诉我们：气体在压强一定的情况下，温度越高，体积越大；温度越低，体积越小。

温度升高，构成气体的分子运动就会变得活跃，并对装盛气体的容器壁造成挤压，分子的体积也会增加；温度下降，分子的运动减缓，分子体积也会相应减小。

气球在飘入高空后
会发生怎样的变化

▶▶ 压强变化引起的气体体积变化

所谓压强就是物体单位面积上受到的压力。用如下公式可以表现出这个关系：

$$压强 = \frac{压力}{单位面积}$$

由公式可知：压强一定的情况下（即都是受大气压强的情况），受力面的面积越大，物体受到的压力也就越小；受力面的面积越小，物体受到的压力也就越大。例如，刀或钉子的构造原理是尽量减少受力面的面积，使压力变大；滑板或雪地靴的构造原理是尽量增大受力面的面积，使压力变小。

固体状态的物质由于与地球之间的万有引力的原因，压力只作用在重力方向，而气态的物质受到分子运动的影响，压力总是作用在多个地方。例如，气球中的气体分子运动是朝着四面八方自由进动

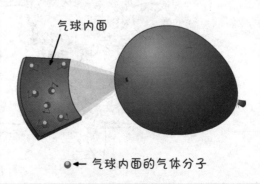

气球内面

●← 气球内面的气体分子

气球中气体分子的运动

行的，所以气球也总是朝着四面
八方膨胀。

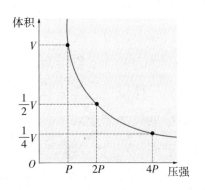
体积与压强的关系

另外，气体很容易受周围压
强的影响而改变体积。在温度一
定的情况下，周围的压强越大，
气体的体积就越小；周围的压强
越小，气体的体积就越大。第一
个发现这一规律的科学家名叫波
义耳，所以这一规律也被称为波

义耳定律。由此规律我们可以得知，当外部的压强呈2倍、3倍、4倍
增长时，气体的体积会呈1/2、1/3、1/4的比例缩小。

▶▶ 温度变化引起的气体体积变化

气体也会受到温度的影响而产生体积变化。在一定的压强作用
下，气体的体积和温度呈正比关系。第一个发现这一规律的人是法
国科学家夏勒。在温度升高的情况下，气体体积会不断增加，但气
体的膨胀程度总是固定不变的，与气体的种类无关，这就是著名的
夏勒定律。

在压强一定的情况下，气体体积会随温度的升高加而增大。这
是因为温度升高，气体状态下的分子运动也会变得活跃，运动活跃
的气体分子与壁面的冲撞次数增加，冲撞的速度也会变得越快。在
这样的情况下，气体向外部产生的压强也会变大，为了保持压强不
变，气体的体积就会变大。反之，当温度下降时，气体状态下的分
子运动也会变得缓慢，运动缓慢的气体分子与壁面的冲撞次数减

少，冲撞的速度也会降低。在这样的情况下，气体向外部产生的压强也会减小，为了保持压强不变，气体的体积就会相应的变小。

让我们来看一看下面的图。与干燥的烧瓶相连接的玻璃管里放置一小段红墨水，如果我们用手握住烧瓶以体温对烧瓶进行加热，就能看见墨水被推向了外面（红墨水向右移动了）。紧接着如果我们将手拿开，墨水又会重新朝着相反的方向移动。这种现象也可以用夏勒定律来说明：因为我们对烧瓶中的空气进行加热，烧瓶内的温度上升，空气分子运动变得活跃，为了保持压强不变，烧瓶内的气体的体积就需要增大，这样，墨水也就被推向了外面。

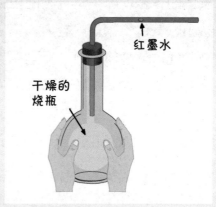

证明夏勒定律的简单实验

关于气体体积变化的叙述型问题

 杀虫剂、芳香剂等喷雾剂的罐子是利用高压将气态的物质变为液态。在使用时，随着液体变为气体，利用产生的压力将喷雾中的物质喷洒开来。那么为什么用完的喷雾瓶不能放进火里呢？

这是因为用完的喷雾瓶中很有可能还残留着一些未使用的液体。如果将这样的喷雾瓶放入火中，剩下的液体就会变为气体，随着温度增加，气体的体积也会不断增大，最终导致爆炸。而且喷雾瓶中装盛的气体大部分都是易燃气体，一旦遇到火就更加危险了。因此，我们在喷雾瓶的外包装上通常都可以看到"不可放置于高温、有火之处"的警告标示。

怎样才能将变瘪的乒乓球重新弄回原状呢？

我们可以利用夏勒定律将变瘪的乒乓球重新弄回原状。只要将乒乓球放在热水中，乒乓球内部的空气体积就会增大，此过程中产生的力量足以将乒乓球变瘪的部分恢复到原来的形状。当然，由夏勒定律可知，我们也可以用减少周边压强的方式来使乒乓球恢复原状。但是只有乘坐热气球飞到很高的地方或者使用减小气压的装置才能将周边压强减小，而在日常生活中我们是很难用这种方法来让乒乓球恢复原状的。

第三章

状态变化与能量

★状态变化与能量的转移　　状态变化是怎样在能量转移的过程中实现的

状态变化是怎样在能量转移的过程中实现的

当物质发生状态变化，即物质从液体变为气体或者从固体变为液体时，总会发生能量的释放或吸收。例如，液体在变为气体的过程中会吸收周围的热量。

假设 我们可以利用这样的原理发明一些什么东西呢？

生活中的化学故事 1

为什么肉汤冷却之后会产生白色的块状物

晚上喝的热乎乎的肉汤明明是透明的汤水，为什么到隔天早晨再打开锅盖时却发现汤上结起了一层厚厚的白色块状物呢？是不是汤水中出现了什么异物？或者是汤坏掉了？还有，我们打开肉罐头时也会看到肉罐头中存在一些白色块状物，但加热之后这些块状物又会完全消失不见。那么，肉汤和肉罐头里的白色块状物究竟是什么东西，为什么加热之后就完全消失了呢？

事实上，这些白色块状物就是肉食品中含有的动物性脂肪。这些脂肪在常温下（通常是在15℃~25℃）会随着温度的升高而变为液体。当温度下降，又会凝固为白色块状物。

由之前学过的知识我们可以知道，分子运动状态发生变化时，物质的状态也会发生改变。在加热过程中所获得的热量转化为分子的运动能量，使分子运动变得活跃，继而导致物质的状态发生改变。所以白色块状物从固体变为液体。

![生活中的化学故事 2]

生活中的化学故事 2

空调是怎样制冷的

如果没有空调，炎炎夏日我们该如何度过呢？尽管风扇或扇子也能驱赶炎热，但是真正能制造出凉风的东西也只有空调了。那么，空调制造冷风的原理是什么呢？

空调是通过汽化吸热和液化放热来调节室内的空气温度。空调中装有冷凝剂，冷凝剂是一种用于制造制冷设备的物质，一直以来用作冷凝剂的是一种以氟利昂为主要成分的物质。近年来，因为氟利昂对大气中的臭氧层有破坏作用，对人体健康也有害，所以人们开始用氢氯氟烃类（HCFC）物质代替氟利昂。还有人开始研究用水做制冷剂。

空调分为室内机和室外机两个部分，在这两部分的共同作用

空调室外机

下，空调才会起到它应有的作用。空调通电后，制冷系统内的冷凝剂被压缩机吸入并压缩为高压蒸汽后进入冷凝器。这时，室外机会将室外的空气带到冷凝器里，带走制冷剂放出的热量后再排向室外，使高压的冷凝剂蒸汽凝结为高压液体（这也是我们站在空调室外机的旁边会感受到热热的风吹来的原因）。接着，高压液体冷凝剂进入室内蒸发器，通过吸收室内空气中的热量不断汽化，使房间温度降低，高压冷凝剂液体又变成低压气体，重新进入压缩机。如此循环往复，空调就可以连续不断地运转达到降低温度的目的。

生活中的化学故事 3

为什么干冰不能放入玻璃瓶中

当我们搬运冰激凌之类的冷冻物品时，必不可少的东西就是干冰了。

所谓干冰就是固体二氧化碳（二氧化碳气体冷却之后的样

子）。干冰是一种典型的升华物质。舞台上喷出的白色烟雾通常都是干冰做的。不过，将干冰放在密封的塑料瓶或玻璃瓶中却是非常危险的行为。这是为什么呢?

舞台上缭绕的烟雾就是干冰做的

当干冰升华为气体状态的二氧化碳时，分子之间的距离开始变远。变为气体的二氧化碳和干冰相比，其体积会出现巨幅膨胀。如果将干冰放置在某种密闭环境之中，那干冰的体积就会不断膨胀直至最终爆炸。所以，在密闭的塑料瓶或玻璃瓶里放置干冰是非常危险的行为。

尤其需要注意的是，干冰在常温下升华速度极快，稍不注意就容易引起突发性爆炸事件。

能量与魔法般的状态变化之间的联系

▶▶ 固体与液体间的能量转移——熔化热与凝固热

对固体进行加热，热量就会传递到组成固体的分子上，分子的运动就会变得活跃。如果持续加热，分子的运动就会变得越来越活跃，分子间的引力也就变得越来越弱。在这种情况下，原本在固体状态下规则排列的分子，会在热量的影响下排列失序，继而由固体变成了液体。

与上述情况相反，在液体状态下不规则排列的分子如果失去热量，分子的运动就会减缓，分子间的相互引力也就随之增加。在这种情况下，如果分子持续失去热量，最终就会成为分子呈规则排列的固体。

冰水

在冰水中的冰完全融化之前，冰水是不会发生温度变化的。

此外，如果我们对冰块进行加热，在某一段时间里就能看到冰块与水共存的状态。在冰块与水共存的状态下，是不会产生温度变化的。因为冰属于晶体固体，前面我们已经提到过，晶体固体有一定的熔点，所以在冰变为水的过程中，即使对冰水混合物进行加热，其温度也不会上升而是保持在一个固定值。

固体变为液体的过程中吸收的热被称为熔解热，反之液体变为固体的过程中释放的热被称为凝固热。从相同物质中吸收和释放的熔解热与凝固热是等量的。

▶▶ 液体与气体间的能量转移——液化热与汽化热

物质在熔解或凝固的过程中会吸收和释放热量。同理，在物质汽化或液化的过程中也会吸收或释放热量。如果对液体进行加热，分子的运动能量就会增加，分子间的引力将会减少，于是分子的运动变得更加自由，继而变成气体。像这样，在液体变为气体的过程中吸收的热能被称为汽化热。不过，当在此过程中对液体进行加热，液体的温度会逐步上升，直到液体沸腾，沸腾后液体的温度将保持在一个定值不再升高。因此，在液体变为气体的过程中即使持续加热，液体的温度也不会上升。

相反，在气体冷却变为液体的过程中会释放热量，这时释放出的热能被称为液化热。在气体冷却变为液体的过程中，原本活跃的分子运动变得缓慢，分子间的引力增大，分子也就恢复了规则排

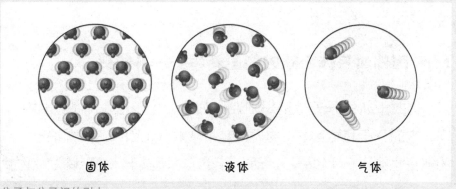

固体　　　　　　液体　　　　　　气体

分子与分子间的引力

列。最终汽化时吸收的热量全部被释放了出来。同样，在气体开始变为液体时到全部液化的过程中，物质的温度也不会下降的，而是维持在一个定值。

刚刚我们讲到的空调正是利用液化热原理制造而成的。让我们来看一看下面的图。空调在室内吸收热量后，将这些热能输送至室外，在这个过程中空调发挥着能量搬运机的作用。整个操作原理如下所述：

液态的冷凝剂通过室内机中的蒸发器变为气态，在这个汽化过程中，需要从室内的空气中吸收热量。热量被吸收，从而使周围的空气变得凉爽。变为气体状态的冷凝剂再在压缩器中变为液态。这个过程中需要消耗大量的电能，所以空调是一种耗电量大的电器。

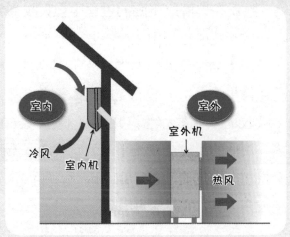

空调的工作原理

▶▶ 固体和气体之间的能量转移——升华热

构成干冰的分子是呈规则性排列的，但干冰与一般的固体不同，它的分子间相互牵引的力量非常微弱。正因如此，哪怕一点点的能量也能让干冰的分子运动变得活跃，所以干冰可以跳过液体状态直接转化为气体。

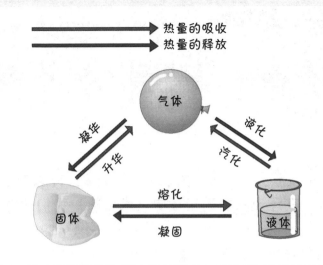

在吸收和释放热量的过程中产生的状态变化

　　干冰变为气体的过程中会吸收周围的热量，这些热量就被称为升华热。

　　在实际生活中人们选择用干冰来储藏冰激凌等冷冻食品正是因为干冰在升华的过程中会吸收周围的热量，致使周围的温度降低，从而让冷冻状态得到长久维持。

关于状态变化和能量的叙述型问题

我们的皮肤上有汗腺，所以在炎热的夏天汗腺中会分泌出汗液，在汗液蒸发的过程中（汽化热）我们的体温会降低。但是，与人不同的是，狗在炎热的夏天会不停地吐舌头（如下图所示）以降低体温，这是为什么呢？

狗除了脚掌上有汗腺外，全身的皮肤上都是没有汗腺的。所以在周围温度过高的时候，狗是无法通过分泌汗水来调节体温的。不过，狗可以通过张嘴伸舌头来调节体温。当它们伸出舌头时，嘴里的水分会蒸发到空气中，这个汽化的过程会带走热量（汽化热），使狗的体温下降。狗之所以会不断地吐舌头，就是希望用这个动作来加速嘴内水分的蒸发。

在炎热无比的夏天，打开冰箱门是否会让房间变得凉爽呢？由于冰箱的降温原理与空调非常相似（都是利用冷凝剂来进行降温），所以打开冰箱门是完全可以让房间变得凉爽的。请问这种说法正确吗？

不正确。如果想用打开冰箱的方法让室内气温降低，只会使房间变得更热。因为假设房间里的热空气进入冰箱之后，冰箱为了降低自身内部温度会不断启动发动机系统，让液体的冷凝剂变为气体，然后又将气体的冷凝剂变为液态。在这个气体转化为液体的过程中会不断释放热量。这些热量会从冰箱的侧面或背面流出，所以我们会发现冰箱的背面和侧面通常都是热的。由此可知，冰箱中释放的热气比冰箱中流出的冷气要多得多，只会让周围的温度变得更高，所以打开冰箱门降温的做法只会让人感觉更热。

下图中是两个丁烷气罐。如果我们用手摇气罐，就会听到里面有液体流动的声音。请问丁烷气罐里面为什么会装有液体呢？

丁烷气罐中装有丙烷和丁烷混合而成的液化石油气（LPG）。如果在丁烷气罐这样小的容器中直接装入气体，那可供使用的量实在是少得可怜。因为在物质等量的情况下，气体物质的体积要比固体和液体大得多。所以人们发明了液化气，将体积较小的液态气体装入丁烷气罐中。而要想

将气体变为液体，只需要按照液化原理，在低温下对气体施以高压就可以了。我们就是采用这种方法制作了各种煤气罐和便携式燃气罐。

第四章

物质的特性

▶▶ 外观性质与密度

为什么密度是物质的 固有特性

你有没有看过航空母舰呢？连战斗机和直升机都可以在航空母舰上起飞降落，可见它是多么庞大。不过，事实上航空母舰的密度比海水还小呢，因为只有密度小于海水，它才能在海上持续漂浮。

假设 淡水密度或海水密度总是不断变化的话，船还能在水上顺利航行吗？

生活中的化学故事 1

怎样区分外表相似的物质

食盐是我们生活中必不可少的调味品。不过，由于食盐与白糖看上去非常相似，不少人都有过在做菜时将它们混淆的经历。比如把盐当做糖放进咖啡里；或把糖当做盐放进豆芽汤里，等等。像糖和盐这种乍看之下难以区分的物质还有很多。像我们每天呼吸的空气是

白糖

乍看之下和食盐并没什么区别

60

由许多气体组成的混合物，这些气体大部分无色无味且无法用肉眼识别，所以，我们是很难凭感觉去区分它们的。

相对来讲，白糖和食盐还能通过我们身体内的味觉器官（舌头）来加以区分，空气中的气体却几乎很难凭感觉器官来判断。

那么，像空气这样无法凭感觉器官去区分的物质应该怎样辨别呢？那就要靠各种气体自身的固有特性了。任何一种物质都有自己的固有特性，这种特性各不相同且不受物质大小的影响，因此，哪怕是凭感觉器官无法区分的物质，我们也可以根据物质的特性来加以区分。沸点、熔点、冰点、密度、溶解度等都是物质的特性。在周边环境相同的情况下，同一种物质所表现出的特性也是相同的。

为什么木块可以浮在水面，钉子会沉入水底

相信大家小时候都有过将纸船或玩具放在水上玩的经历吧。但是有的物质可以在水上漂浮，有的物质却要沉入水底。例如，木块可以浮在水面上，钉子或石头却要沉入水底。那么，为什么有的物质可以浮起来，有的物质却会沉下去呢？那就是因为有的物质（比如木块）比水轻，有的物质（比如钉子）比水重。

不过在科学领域中，我们不说"重"和"轻"，而是说"密度大"或者"密度小"。因为"重"和"轻"都是相对的，很难用精

确的数字来表达，密度却可以用精确的数字表达出来，在多种物质相比较时，用密度比用轻和重方便多了。

测定物质密度的方法相对比较简单。只要我们测好了物质的体积和质量，再用质量的大小除以体积的大小就可以得到密度了。这是因为，即使是同一种物质，质量和体积也是会发生变化的，所以质量和体积不能称为物质的特性。

但是相同的物质处在相同环境中时，质量与体积的比值是保持不变的，所以这个比值可以称为物质的特性。所谓质量与体积的比值，就是指某种物质的质量的大小除以体积的大小的结果，这个比值之所以恒定不变是因为在物质保持不变的情况下，质量增加体积也会增加，体积增加质量也会增加。这个质量与体积的比值也就是我们所说的密度。作为区分物质的判断依据，密度可以称得上是物质的固有特性。

密度与物质间的相互位置有很大关系。当两个密度不同的物质放在一起时，密度小的物质上移，密度大的物质会下沉。木块之所以浮在水面上就是因为木块的密度比水小，钉子之所以沉入水底就是因为钉子的密度比水大。

通过密度感受大自然的神秘

▶▶ 密度的特征

密度可以看做是某种物质单位体积的质量。密度是由物质的质量和体积决定的，我们可以用下面这个简单的公式来表示密度与质量、体积的关系：

$$密度 = \frac{质量}{体积}(单位：kg/m^3或g/cm^3)$$

此外，不同种类的物质密度也各不相同，因为密度与沸点、熔点、冰点一样，都与构成物质的分子排列有关系。更进一步来讲，物质状态发生变化时，物质质量并不会发生变化。但是由于分子排列发生了变化，物质体积就会发生相应的变化，所以，密度也会相应发生变化。因此，构成物质的分子排列状态不同，密度也各不相同。大部分物质在气体状态下密度最小，在固体状态下密度最大。

另一方面，气体或液体在温度和压强的影响下体积发生变化时，密度也会发生变化。因此，当我们对物质密度进行比较时，也应该考虑压强和温度的因素。

▶▶ 密度的测量方法

测量固体的密度

① 在量筒中放入半筒水，测定出水的体积；将一固体完全浸入水中后，再次测定水的体积，并用第二次的测量结果减去第一次的测量结果，求出固体的体积。

② 用天平称量固体的质量。

③ 利用固体质量和体积计算出固体的密度。

测量液体的密度

① 用量筒测定液体的体积。

② 用天平称量一个空烧杯的质量，倒入液体后再次称量烧杯和液体的总质量。用第二次称量的质量减去第一次称量的空烧杯质量，就是液体质量。

③ 利用液体的质量和体积计算出液体的密度。

测量气体的密度

① 用天平称量一个装有气体的密闭烧瓶的质量，用真空泵抽出烧瓶中的气体，再称量出真空状态下的密闭烧瓶的质量。用第一次称量的装有气体的烧瓶质量减去第二次称量的真空烧瓶质量，就是气体的质量。

② 将用于称量的烧瓶装满水，用天平测量出水的质量，然后计算出水的体积（即气体的体积）。

③ 用气体的质量和体积计算出气体的密度。

一些常见物质的密度

固体（常温常压下）

物质	密度
金	19.3×10^3
铅	11.3×10^3
铜	8.9×10^3
铁	7.9×10^3
铝	2.7×10^3
冰（0℃）	0.9×10^3
蜡	0.9×10^3

液体（常温常压下）

物质	密度
水银	13.6×10^3
硫酸	1.83×10^3
海水	1.03×10^3
纯水	1.0×10^3
植物油	0.9×10^3
酒精	0.8×10^3
汽油	0.71×10^3

气体（0℃标准大气压下）

物质	密度
二氧化碳	1.98
氧气	1.43
空气	1.29
一氧化碳	1.25
氮气	1.25
氦气	0.18
氢气	0.09

各种物质的密度单位：kg/m^3

▶▶ 水的神秘密度

水的密度有一些特别之处。如果将装满水的水瓶冰冻起来，水瓶可能会变得鼓鼓的甚至破裂开来。这是因为水与其他物质不同，在固体状态时的体积要比在液体状态时的体积大。还有一种解释是，液体状态下的水的密度要比固体状态下的水的密度更大。

让我们来仔细看看温度变化下水的体积究竟会发生怎样的变化。从100℃开始，温度越低水的体积就越小，到4℃时水的体积达到最小值，从4℃开始一直到0℃，水的体积又会急剧增大。因此，水在4℃时密度（大约1标准大气压，1 g/cm³）最大。而0℃的水或冰的密度要比4℃的水密度小。

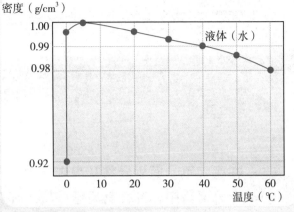

温度影响下的水的密度变化

冬天来临，湖面上的温度会降低。由于在4℃以上，水的密度是随着温度的下降而增加的，所以在这个阶段湖面的水会向下积淀。但随着天气越来越冷，湖面温度渐渐降到了4℃以下，这时湖面上的水的密度开始变得比4℃的水的密度更小，所以水面上就结了冰。这些湖面冰块还能发挥抵挡冷空气的作用，它们能够阻止冰面以下的水的温度继续下降，保证湖底部不结冰。湖面冰块越厚，发挥的阻挡作用就越强。所以在冻得严严实实的湖面下生活的鱼才不会被冻死。假设水和其他物质一样，都是固体状态下的密度比液体状态下的密度大的话，湖里的鱼早就被冻死了。

冻得严严实实的湖面

在冰面之下流动着密度比冰更大的水

关于外观性质和密度的叙述型问题

在医院里，医生会将从患者体内抽出的血液放入下图的圆心分离器中，并使其高速旋转。那么，为什么医生要将血液放在圆心分离器中高速旋转呢？

混合了多种物质的液体经过高速旋转之后，其中的各种物质会因为各自的密度差异而分离开来。血液是由红细胞、白细胞、血小板、血浆等组成的液体混合物，所以当我们把血液放在圆心分离器上高速旋转之后血液里的各种成分就会分离开来。

输油船之类的超大型船只每天总是在海上航行着。如下图所示，足以让战斗机和直升机着陆的航空母舰也总是在大海中悠然自得地前行。这些船只都是由铁之类的高密度金属材料建造而成的，为什么它们不会沉入海底呢？

铁的密度大约是水的8倍。为了让铁制成的船在水面上漂浮起来，我们必须让船本身的密度小于水的密度。因此在造船的时候，我们必须在船的内部留出足够的空间，在质量不变的情况下尽量增大船的体积。只有这样做船自身的密度才会变小，船才能够在水上自由漂浮。

我们也可以用水的浮力来解释航空母舰之类的超大型船只在水上漂浮的原理。所谓浮力，就是使物体在水面上漂浮的力量。只要我们计算出船只淹没在水下的部分的体积和与这个体积一样大小的排出水量，就可以计算出浮力的大小。体积大的船只与水的接触面积也大，所以当其部分淹没在水中时，总是能排开大量的水。在这个过程中产生的浮力使船只可以完全漂浮在水面上。专家会根据每艘船的形状计算出船的浮力大小，为了保证船可以安全地浮在水面上，每艘船都限定了搭乘人数和货物装载量的最大值。

沸点的应用

如果我们对液体进行加热，液体会在某个特定温度下发生汽化现象，而这个温度就被称为沸点。沸点是1标准大气压下物质的固有特性，但是压强越大物质的沸点也会越高。

假设 我们已经知道了压强与沸点之间的关联，在高原地带做饭时应该采取什么样的办法呢？

生活中的化学故事 1

为什么高压锅可以节省烹饪时间

每当高压锅里传来"哔"的一声，随后喷出阵阵气体时，我们就知道美味的米饭已经煮好了。事实上，煮饭又快又好的高压锅因为其优良的特性已经越来越多地出现在我们的生活中了。尽管用普通的锅和电饭煲也能煮饭，不少人还是偏爱使用高压锅。这究竟是为什么呢？

高压锅备受欢迎的众多理由之中，节省时间无疑是最具

高压锅

说服力的一个。那么为什么使用高压锅可以节省烹调时间呢？要想弄清楚这个问题，我们必须先看一看下面这段与沸点有关的说明。

液体在吸收热量之后，温度会不断升高，继而沸腾。在沸腾状态下，液体进入没有温度变化的阶段。液体在沸腾状态下的温度就被称为沸点。液体的沸点会因为周围压强的变化而变化，这是因为周围压强越高，液体变为气体所需的能量就越多。因此，通常情况下压强越高，液体的沸点也越高；压强越低，液体的沸点也越低。

事实上，高压锅就是利用液体沸点与压强之间的关系制造而成的。它用机械手段提高了锅内的压强，进而提高了锅内物质的沸点，节约了烹调时间。

蒸馏酒的制作原理是什么

在古代，人们用一种名叫"烧酒罐"的蒸馏装置来制造纯度很高的烧酒（蒸馏酒）。古人将酿酒时产生的浓稠液体（酿造酒）放入锅中煮沸，就能得到沸点比水要低的酒，这种酒就被称为蒸馏酒。

烧酒罐

烧酒罐就是一种利用蒸馏原理制造而成的造酒工具。从左边的图片中我们可以看出，烧酒罐分为上下两部分，整体形状看上去如同数字"8"。利用烧酒罐制作烧酒的原理如下。

首先将装有酿造酒（将谷类或果实发酵后制成的酒）的铁锅固定在火炉上，再将烧酒罐放在铁锅上。接着用揉好的面团将铁锅与烧酒罐之间的缝隙填满（这一步是为了防止蒸发的气体泄漏）。再在烧酒罐上放置装有冷水的容器，烧酒罐与容器之间的缝隙也要用面团填满。烧酒罐的罐嘴部分留有让烧酒流出的小孔，所以在罐嘴下面需要放置一个装烧酒的碗。

上述步骤完成之后，在火炉上点起火，对酿造酒进行加热，沸点较低的酒（酒精）就会先沸腾蒸发。蒸发后的酒精气体遇到装有凉水的容器后温度下降再次液化，这些液体通过烧酒罐中间部分的罐嘴流出来，将所有液体收集在一起就成了烧酒。要注意的是，蒸馏过程中最初采集的酒含有较多的甲醛和酯的成分，所以通常要倒掉收集的第一杯酒，才能收集出真正醇厚的烧酒来。此外，装凉水的容器中需要不断更换新的凉水，使其不断保持在冰凉状态中。

沸点解密

▶▶ 物质的固有特性——沸点

所谓沸点，就是指液体沸腾变为气体的过程中所保持的温度。由纯净物构成的液体其沸点不受量的影响，始终保持在一个定值。不过液体的量越少，到达沸点的时间也就越短；液体的量越多，到达沸点的时间也就越长。

此外，不同种类的液体沸点也各不相同。这是因为不同种类的液体，其构成液体的分子间的引力大小也各不相同。如果我们想要确认某种未知液体的成分，只需要观察它的沸点就可以了。所以沸点可以称得上是物质的固有特性。

让我们来看看不同物质的沸点有何不同。在常温（15℃）常压（1标准大气压）下，气态物质的沸点比常温要低。这些气态物质包括：氮气−195.8℃、氧气−183℃、氨气−33.3℃、丁烷−0.5℃等。

此外，在常温下液态物质的沸点比常温高，冰点比常温低。例如，乙醇（沸点：78.5℃，冰点：−114℃）、水银（沸点：356.6℃，冰点：−39℃）等。而常温下固态物质的熔点和沸点都高于常温，例如铁（沸点：2750℃，熔点：1535℃）、精萘（沸点：219℃，熔点：81℃）等。下面的图表中显示了各种物质的沸点（仅限于常温、1标准大气压下）。

物质	沸点（℃）
铁	2750
铜	2567
铅	1740
氯化钠	1413
水银	356.6
精萘	219
水	100.0

物质	沸点（℃）
乙醇	78.5
甲醇	64.5
丁烷	-0.5
氨	-33.3
氧气	-183.0
氮气	-195.8
氢气	-252.8

各种物质的沸点

▶▶ 沸点与压强有怎样的关系

液体的沸点在很大程度上受压强的影响。压强越小，沸点也越低。在1标准大气压状态下，乙醇在78℃时沸腾。但如果我们按照下面图片中显示的那样，将乙醇放在玻璃罐中并抽出空气降低压强，乙醇就会在25℃左右时沸腾。这正是因为压强的变化导致的沸点下降。高压锅就是反向利用这个原理而制成的炊具。

如果我们对高压锅加热，高压锅内部的空气就会随之而变热，内部压强也会随之而增加。为了保持内部的超大压强，高压锅内的许多装置都是发挥着阻止空气外泄的作用。但如果压强持续增加，也会达到高压锅自身压强的极限。此时高压锅的内部装置就会慢慢地向外释放空气并继续维持一定的内部压强。由于内部压强非常高，高压锅里的水要到大约120℃时才会沸腾（**通常水在100℃时就会沸腾**）。正因为这样，高压锅比一般的锅温度要高很多，用高压锅做的饭熟得也特别快。高压锅不仅节约时间，还能保证食物的营养成分不流失，实在是一种既科学又方便的炊具。

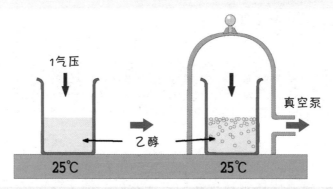

气压不同　沸点也不同

　　我们在登山途中做饭也会利用到沸点的科学原理。通常山上海拔较高，大气压比山下要低很多。所以，在山上水的沸点也就变低了。一旦沸点变低，就很难让米饭达到变熟的温度了（*也就是平时煮饭需要达到的100℃左右*）。所以如果我们在山上直接用锅煮饭，再怎么煮，做出来的饭也是半生不熟。这时候，我们就要在锅上放一个重重的大石头，尽量减少锅内的气体外泄，就可以让锅里的压强升高，让水的沸点随之升高，这样就可以煮出美味的米饭了。

有关物质的沸点的叙述型问题

菠菜中含有许多我们身体必需的维生素和无机盐。吃菠菜时，我们最好应该先将菠菜放在加盐的沸水中烫一烫。请问这样做的原理是什么？

水的沸点是100℃，盐水的沸点却是在100℃以上。像这样周围压强相同，混合其他物质的溶液的沸点要比纯水的沸点更高的现象被称为沸点上升。

因此，在盐水中烫菠菜可以让菠菜在更短的时间内变熟，保证菠菜的营养成分不受破坏。

在深海中发生火山爆发时，海水的温度可以达到几百摄氏度。但海水并不会因此而沸腾而是继续保持液体状态。请问这是为什么呢？

在深海中，水的压力导致周围压强非常高。在海中每下降约10 m，压强就会升高约1Pa。压强越高，沸点也就越高，所以，即便深海中的水温达到几百度海水也不会沸腾。而且海底火山四周的海水还会不停地起到冷却降温的作用。

▶▶ 熔点与冰点

熔点与冰点的特性

熔点与冰点也是物质的固有特性。不同的物质其熔点与冰点也各不相同。电灯泡里的灯丝是用一种叫钨的物质制成的。钨的熔点非常高，更是很难沸腾。

假设 灯丝是用铅做的，我们打开电灯后，灯泡后会发生怎样的状况呢？

生活中的化学故事 1

海水为什么不容易结冰

在寒流袭来的冬天，不论是地上小小的水洼还是江面上都会结起厚厚的冰。但不管天气再怎么寒冷，陆地周围的海上却是不容易结冰的。这是为什么呢？

水在达到0℃时变为冰，冰在0℃时融化为水。像这样液体凝固为固体或固体熔化为液体时的温度称为冰点和熔点。

但在混有其他混合物的水

北欧著名的不冻港——挪威的奥斯陆港

77

（比如海水)中，冰点会下降到0℃以下。世界各大海洋的平均盐浓度是3.5%，这就使得有的地方的海水冰点可以达到−1.91℃，这种现象被称为冰点下降。

那么在气温下降到−10℃以下的天气里，为什么海水也不会结冰呢？这是因为海水的水量过大，导致海水在结冰过程中没有足够的时间来释放凝固热，再加上海上波涛不断，致使海水中的分子不断处于运动状态中，分子间的引力也很难发挥作用。由于上述两个原因，海水是很难结冰的。

不过，在冬天气温相当低的南北极地区，海水也是会结冰的。而且在很早以前的冰河时代，整个地球的气温都非常低，许多地方的海水都是结冰的。

生活中的化学故事 2

为什么积雪的道路上需要铺满氯化钙

每当冬天来临，道路上总是堆满积雪。汽车在积雪的道路上行

驶缓慢，塞车的情况也时有发生。

　　这时我们就可以看到扫雪车一路行驶在积雪的道路上并撒下许多白色的颗粒。这些白色颗粒名叫氯化钙，能够使积雪融化，使道路交通尽快恢复正常。那么，为什么氯化钙能够使积雪融化呢？

　　氯化钙是一种吸湿性很强的物质。我们放在衣柜和储物箱里的除湿剂中就含有大量的氯化钙。所以如果将氯化钙铺撒在积雪的道路上，氯化钙就能迅速吸收雪中的水分并向四周释放热能。这些热能促使周围的积雪融化，融化后的积雪又再次被氯化钙吸收……如此循环反复，最终让积雪全部融化。

　　假设融化的雪水在低温下结冰，会发生怎样的状况呢？路面会变成光滑的冰面，那将比积雪更加危险。但溶解有氯化钙的水会发生冰点下降现象，所以即便气温很低这些雪水也不会结冰。不过因为使用氯化钙除雪而导致汽车生锈、路旁树木枯死的事件时有发生，出于对环境保护的考虑，人们又开始尝试用煤渣或其他物质来除雪了。

正在马路上清除积雪的扫雪车

熔点与冰点是一样的

▶▶ 熔点与冰点也是物质的固有特性

正如我们之前讲到的那样，物质在发生状态变化时会吸收或释放热量。即固体在变为液体的熔化过程中会吸收热量，液体在变为固体的凝固过程中会释放热量。在熔化和凝固现象发生时，一定时间内物质的温度不会发生变化。这个固定不变的温度就被称为冰点或熔点。尽管熔化和凝固的过程中会吸收或释放热量（能量的转移），但这些热量都被用来促使状态变化，所以物质的温度在这个过程中不会发生变化。

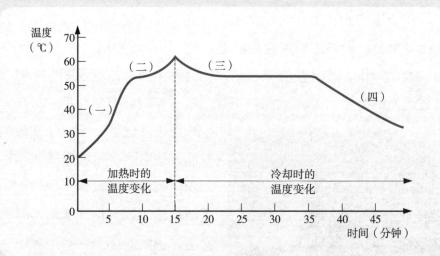

对二氯苯的加热、冷却曲线

相同的物质即便体积、质量不同，其冰点和熔点也是相同的。所以冰点、熔点也同样是物质的固有特性。

　　上页的图片显示的是对二氯苯的加热、冷却曲线图。对二氯苯是一种无色结晶，通常被用于制造杀虫剂。对二氯苯具有熔点低、便于清理且价格低廉的优点，所以在过去很长一段时间里，人们都喜欢用它来做实验。但在通风不良的实验室里用对二氯苯做实验容易引起头痛、晕眩甚至白内障，最近人们已经减少了对二氯苯的使用。

　　图片中的加热曲线表示的是对固体进行加热后，随着时间变化而产生的温度变化；冷却曲线表示的是对液体进行冷却后，随着时间变化而产生的温度变化。相信通过图片大家已经看到，在某一段时间里温度是持续不变的吧。图片中的（二）区间是熔点，（三）区间是冰点。

关于熔点和冰点的叙述型问题

 如果我们把冰箱冷藏室里的冰块拿在手上，很快就会感觉手被冰块粘住。这是为什么呢？

冰箱冷藏室里的温度通常是-20℃，所以冷藏室中的冰块温度也在-20℃左右。当我们直接用手触碰冰块时，受压力和热量的影响，冰块表面会部分融化，融化后的水流到我们的手上并与汗水等水分混合在一起，这些液体混合物的热量被手上的冰块吸收后会再次凝固为冰。所以当我们用手去拿冷藏室里的冰块时会感觉手被冰块粘住了。

如下图所示，电灯泡接通电源之后，灯丝会发出亮光并变色。灯丝的工作原理是将电能转化为热能，并根据加热丝的温度来调节发光亮度。请问为什么灯丝的主要成分是钨呢？

第一个发明电灯泡的人是爱迪生。他曾经尝试过用头发、棉线等上千种材料来做灯丝。但大部分的材料在持续发热的条件下都会熔化或燃烧，如果用这些熔点低的材料来做灯丝，那电灯泡只怕亮不到几分钟就烧坏了。

为了解决这个难题，爱迪生想到了用钨来做灯丝。钨的熔点高达3410℃，所

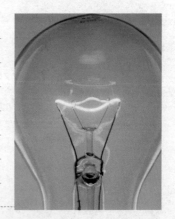

以，即便在超高温度下也可以保证电灯泡长时间发亮。

如果我们打开电脑的主机，就能看到里面布满了各种用铅（如下图）焊接起来的零件。铅是一种对人体有害的重金属物质，那为什么我们还要用铅来焊接呢？

这是因为铅比其他金属的熔点低（纯铅的熔点大约是328℃）。而且最初采用铅来焊接时，人们还尚未发现铅对人体有害。

考虑到铅对人体的危害性，最近使用的焊接用铅都不是100%纯铅，而是无烟铅［即不含铅（Pb）的焊接用铅］。无烟铅是用铜（Cu）、银（Ag）、亚铅(Zn)等材料按一定比例混合而成的混合物（合金）。一般来讲，合金的熔沸点都会比组成合金的纯金属高，所以无烟铅的熔点比纯铅更高（达350℃），价格也更低廉。

▶▶ 溶解与溶解度

为什么物质会溶解

所谓溶解，就是一种物质或几种物质与其他物质均匀混合后发生的现象。盐水就是溶质（盐）在溶剂（水）中溶解之后产生的。

假设 我们知道了白糖在水中可以最大限度溶解的条件，那溶解白糖就更容易了吧？

生活中的化学故事 1

为什么白糖是白色，白糖水却是无色的

如果我们在装满水的杯子里加入适量面粉进行搅拌，水就会变成白色。如果将搅拌后的水静静放置一段时间，面粉又会全部沉到水底。但是，加了白糖的水看上去却像什么都没加一样。即便将白糖水静静放置很长时间，白糖也不会沉到水底。

为什么面粉和白糖都是白色，但放入水中后，面粉水会会是白色，而白糖水却什么颜色都没有呢？为什么不同的物质之间会出现这种差异呢？事实上，这都是因为混入面粉的水不是溶液，混入白糖的水却是溶液。那么，究竟哪些物质属于溶液呢？

将两种或两种以上互不相同的物质的构成微粒进行均匀混合的

白糖水　　　面粉水沉淀物

白糖　　面粉

现象称为溶解。发生溶解现象的混合物称为溶液。也就是说，像这样一种或几种物质分散到另一种物质里，形成均一的、稳定的混合物，叫做溶液。面粉水是水与面粉的混合物，但它们相互之间并没有均匀混合，并且这种混合不稳定，所以并不能称之为溶液。

相反，白糖水中构成水的微粒和构成白糖的微粒相互均匀、稳定的混合，所以白糖水可以称为溶液。

 生活中的化学故事 2

为何盐无法在盐水中持续溶解下去

腌制泡菜时，首先要做的事情就是用盐来腌渍白菜了。通常我们是将粗盐直接撒在白菜上，或者将白菜浸泡在盐水中。在这个过程中我们会发现，盐在水中溶解到一定程度之后将不再继续溶解，而是以盐粒的形式残留下来。为什么盐溶解到一定程度就无法在水中继续溶解了呢？

腌制的白菜

在溶液中，我们将能够溶解其他物质的物质叫做溶剂，被溶解的物质叫做溶质。根据溶剂和溶质的种类不同，溶剂在饱和状态下所能溶解的溶质的质量也各不相同。

这是因为构成不同物质的不同微粒想要混合在一起，就必须借助微粒间相互作用的引力。而物质的种类不同，微粒间的引力大小也不同，所以不同溶剂在饱和状态下能够溶解的溶质的质量自然也不相同了。此外，微粒运动的活跃性受温度影响，所以溶质被溶解的质量与温度也有很大关系。在这里我们要引出溶解度的概念。所谓溶解度，就是一定温度下，某固态物质在100 g溶剂里达到饱和状态时所溶解的质量。

盐水也有溶解度，所以一旦盐水达到饱和状态时，剩下的尚未溶解的盐分就只有以颗粒的形式残留下来。不同物质的溶解度各不相同，所以溶解度也是物质的固有特性。

溶解度是怎样变化的

▶▶ 怎样区分溶剂与溶质呢？

前面我们讲过的，所谓溶液，就是两种或两种以上的不同物质均匀混合而成的稳定的混合物。溶液是由溶剂和溶质构成的，溶剂就是让其他物质溶解的物质（比如水、酒精、苯等），溶质就是在溶剂中溶解的物质（比如盐、白糖等）。如果是液体与液体组成的混合物，则量较多的物质是溶剂，量较少的物质是溶质。

▶▶ 怎样才能让物质更好地溶解？

在溶解过程中，如果溶质分子与溶剂分子间的引力大于溶质分子间和溶剂分子间的引力，则溶质的溶解会进行得非常顺利。如果溶质为固体，则构成溶质的微粒越小、温度越高、接触面积越宽，溶解就进行得越顺利。

另一方面，发生溶解现象时溶剂与溶质的分子数量并没有发生变化，所以溶解前后溶液的质量也不会发生变化。但由于发生溶解时，溶剂与溶质的分子大小不同，较小的分子可能会跑进大分子的空隙中，所以溶解之后溶液的体积可能会减小。

如果液体与液体相混合，则量多的液体为溶剂，量少的液体为溶质。

溶剂：让其他物质溶解的物质

水 酒精 苯……

溶质：在溶剂中溶解的物质

盐 白糖……

▶▶ 溶解度也是物质的固有特性

在一定温度下，向一定量溶剂里加入某种溶质时，当溶质不能继续溶解时，这种状态被称为饱和状态，所得到的溶液称为饱和溶液。反之，在一定温度下，在一定量的溶剂里，如果还能再溶解溶质的话，该溶液叫作这种溶质的不饱和溶液。此外，一定温度下，当溶液中的溶质浓度已超过其溶解度，且溶质还在不断

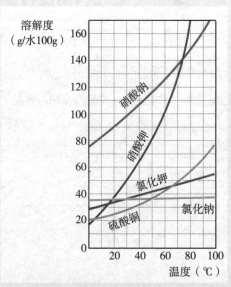

固体的溶解度曲线图

析出的现象叫做过饱和现象，此时的溶液被称为过饱和溶液。

与气体有关的溶解度问题是比较特殊的。同固体和液体不太一样，气体的溶解度是指在压强为101 kPa和一定温度时，气体溶解在1体积水里达到饱和状态时的气体体积。

通常情况下，固体物质的温度越高，溶解度越大；但根据物质的种类不同也会有特殊情况，熟石灰（氢氧化钙）就是一种特例，随着温度的升高，熟石灰的溶解度是在不断降低的。因此，需要特别注意的是，当我们在表述某种物质的溶解度时，需要同时标注出溶质的种类、溶剂的种类还有溶解时的温度。

关于溶解和溶解度的叙述型问题

我们穿着的有些衣服是不能用洗衣机洗的，只能将这些不能机洗的衣服拿到干洗店。那么，干洗的原理是什么呢？

干洗就是一种利用挥发性有机溶剂来去除衣服上污渍的洗衣方法，衣服上不溶于水或者其他使衣服变脏的物质溶解在有机溶剂中。用干洗的方法洗衣时，衣服上会散发一种特殊的味道，那就是有机溶剂的味道了。

干洗的优点是去除溶油性污渍效果好、不会损伤衣物纤维；缺点则是价格过于昂贵，且难以去除不溶油性污渍。

如下图所示，有的胶囊药物很难下咽。所以有时候我们会将胶囊拆开，直接吃里面的药粉。但事实上胶囊就是要原封不动地吃下去效果才最好。这是为什么呢？

溶解的规律是：溶剂的温度越高、搅拌力度越大，溶质就溶解得越快；构成溶质的微粒与构成溶剂的微粒接触面积越大，溶质就溶解得越快。正是因为溶解的规律，放在水中的白糖才会比方糖溶解得更快。

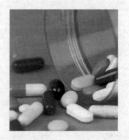

当我们吃下药物时，药物在体液中溶解并被身体吸收，继而达到治愈身体疾病的效果。在人

体体液中，药粉的溶解速度较快，胶囊的溶解速度较慢。所以通常做成药粉的药需要快速吸收才能发挥效果，做成胶囊的药却是要以平缓的速度吸收才能发挥药效。如果我们将胶囊弄成药粉来吃，就会导致药物的吸收速度比原定速度快，这样就很难达到预期的治疗效果了。

▶▶ 气体的溶解度

气体是如何溶解的

一般来讲，固体溶解的规律是温度越高就越容易溶解。但气体的溶解规律却恰恰相反。温度越低压强越高，气体就越容易溶解。

$假设$ 我们要开发一种含二氧化碳的碳酸饮料，应该如何让二氧化碳溶解于饮料中呢？

生活中的化学故事 1

为什么韩国东海的水温逐年升高

一到夏天，空调、风扇的使用频率就会大大增加，所以每年夏天我们都会看到诸如"居民用电量又创新高"的报道。现代人的用电量的确是在逐年增加。为了缓解用电压力，各国政府现在也在大力发展其他可节约一次能源、更环保的发电事业。韩国目前就正致力于核电站的研发和建设。

值得注意的是，韩国所有核能发

核能发电站

冷却核能热需要大量冷却水，所以大部分的核电站都设在海岸边。

92

电站都设在海岸边，且其中大部分都集中在东海岸。

这是因为核电站里的核反应堆会产生大量的热量，只有在海岸边才能获取足够的冷却水来降低核反应堆的温度。正因如此，现在也有不少人担心放射性能源会通过冷却水流向外界。不过，为了防止放射性能源外泄，核反应堆的内部都设计得非常严密，而且冷却水也并没有直接参与核反应，所以放射性能源通过冷却水流出的可能性几乎为零。

不过，另一个让人担忧的问题是，为核反应堆降温后的冷却水重新流回大海时，其温度比海水水温要高出5℃~7℃。受高温冷却水的影响，现在韩国东海岸的海水温度比10年前高出了4℃左右。

那么，高温冷却水流入大海之后，究竟会对海洋生态造成怎样的影响呢？首先，最大的影响就是导致海水中的氧气含量减少。气体（比如氧气）与固体相反，在溶剂温度升高的情况下，溶解度反而会降低。所以海水温度越高，氧气就越不容易溶解。

水温增加不仅会导致海水中的氧气含量减少，还会导致一些靠呼吸氧气生存的鱼类死亡。正因如此，在核能发电站附近的养殖场里的鱼很多都因为缺氧而死。现在，那些原本生活在东海岸的鱼类渐渐消失，渔民们的捕鱼量大大减少，一些原本生活在热带海域的鱼类也开始突然出现。不仅如此，原本作为鱼类的藏身之处和产卵地的海藻丛也因为无法忍受高温而相继死亡。总之，冷却水已经严重破坏了鱼类的栖息环境，甚至可能造成更多海洋生态问题。

生活中的化学故事 2
为什么冰箱里的冰块并不是透明的

相信大家一定在电视上或者寒冷的室外看过晶莹剔透的透明冰雕吧。不仅如此，餐饮店、咖啡屋里卖的饮料里添加的冰块也总是透明的。但我们自己家中的冰箱冷藏室里的冰块却是白色不透明的。那么，为什么冷藏室里的冰块不像冰雕或冷饮中的冰块那样透明呢？

当水进入冷藏室时，水的温度会下降。由于气体的溶解规律是溶剂温度越低就越容易溶解，所以当水温下降时，空气的溶解度就随之增加，溶于水中的空气量也相应增加了。当温度持续下降直到水结成冰时，溶解于水中的空气气泡就会和水一起结冰，形成我们所看到的冰块中的白色不透明部分。如果我们用放大镜来观察冰块，就会发现那些白色的部分其实是气泡。

我们看到的做冰雕的冰和饮料中使用的冰块都是冰工厂专门制造的。工厂在制造冰块的过程中通过不断搅拌去掉了水中的空气，所以生产出来的冰块都是无色透明的。

气体的溶解度
有哪些特别之处

▶▶ 汽水里为什么会冒出气泡?

要想让固体溶解于溶剂中,就要让构成固体的微粒从外到里逐渐分离;要想让固体分子分离,就要让分子运动变得活跃;要想让分子运动活跃,就要让分子吸收足够多的热量。所以,通常在固体物质的溶解过程中,温度越高,溶解度也就越高。

但气体溶于液体时情况又不同了。让我们通过下面的图片来看看气体的溶解有什么特别之处。从图片中可以看出,溶于液体的气体分子与气体状态下的分子相比,运动更加缓慢。也就是说,只有在运动能量较低的情况下气体才能溶于液体。

如果温度升高,溶液中的气体分子运动就会变得活跃甚至冒出溶液,气体的溶解度就会降低。

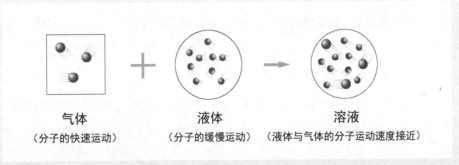

气体
(分子的快速运动)

液体
(分子的缓慢运动)

溶液
(液体与气体的分子运动速度接近)

气体溶于液体时分子的运动情况

所以当我们试图将气体溶解于液体中时，应该首先降低液体的温度。温度越低，气体分子的活动也就越缓慢，与液体分子的运动频率也就越接近，溶解就变得更容易了。

可乐等碳酸饮料中溶入的二氧化碳越多，味道就越清爽刺激。所以为了保持碳酸饮料的口感，通常需要将它们储藏在冰箱中。试想一下如果把可乐拿来加热，会是怎样的味道呢？那肯定是除了甜味什么都没有。因为一旦温度变高，二氧化碳的溶解度就会急剧下降，溶液中的二氧化碳就全都跑到空气中去了。

由上可知，温度越低压强越高，气体的溶解度也就越大。所以当我们表述某种气体的溶解度时，一定要标注相应的温度和压强条件。

关于气体的溶解度的叙述型问题

 外面看来一个气泡都没有的碳酸饮料，扭开瓶盖倒入杯子后，气泡会一涌而上，过一段时间后又慢慢消失，如下图所示。那么，为什么溶解后的气体会在没有温度变化的情况下溢出来呢？

碳酸饮料就是溶入了二氧化碳的饮料。所以打开碳酸饮料的瓶盖之后冒出的气泡就是二氧化碳了。我们已经知道，气体的溶解度除了受温度影响之外，还会受到压强的影响。压强越大，气体溶解度也就越高。当我们打开原本密封的碳酸饮料瓶盖时，瓶内气压下降，二氧化碳的溶解度降低，所以大量的二氧化碳就会从瓶里溢出。过一段时间后，碳酸饮料内部的压强和周围的压强一样了，碳酸饮料中的气体就会稳定了。而这时，碳酸饮料中的气体几乎已经全部溢出了，碳酸特有的刺激味道也会随之消失，饮料喝起来就平淡无奇了。

 碳酸饮料喝多了对牙齿不好。这是为什么呢？

在含有大量二氧化碳的碳酸饮料中，碳酸钙等物质特别容易溶解。我们的牙齿就是由这种物质构成的，所以长期饮用可乐之类的碳酸饮料会导致牙齿溶解腐蚀。

 自来水煮沸之后喝起来就没有自来水味了。这是为什么呢？

　　江河水经过一系列复杂处理之后，才能变为供人们使用的自来水。在自来水的处理过程中，需要用到大量的主要成分为氯的消毒剂。氯以气体形式溶解于自来水中，所以自来水总是带有一股特殊味道。如果我们将自来水煮沸，氯气的溶解度就会降低，当氯气全部释放完之后，自来水的特殊味道也就消失了。

混合物的分离

纯净物与混合物有什么区别

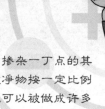

纯净物就是由单一物质构成的。哪怕在纯净物中掺杂一丁点的其他物质，纯净物都会变成混合物。我们可以将各种纯净物按一定比例混合起来做成新的有用物质。比如作为纯净物的金就可以被做成许多不同种类的金子。

假设 我们直接使用纯金，会出现哪些不便之处呢？

生活中的化学故事 1

植物的营养剂中含有什么成分

家里养的植物枯萎了，通常只要浇点水就可以使它重新恢复生机。但如果浇水也无法让植物恢复生机时，我们就需要到花店去买植物营养剂，然后将营养剂喷到土里。植物营养剂的主要成分是水，还有约1%的植物所必需的各种营养物质。这些营养物质是由肥料的三要素——氮、磷酸、钾构成的。氮能够帮助整棵植物健康成长，磷酸能够促进植物开花结果，钾则可以保持植物的茎叶茁壮。除此之外，营养剂中通常还含有很少量的钙、镁、铁、铜、锰等成分。

像植物营养剂这样由两种或两种以上不同物质构成的物质称为混合物，像蒸馏水（将天然水煮沸并去除杂质后制成的水）这样没有掺杂其他不纯物质、只由一种物质构成的物质就称为纯净物。事实上，我们周围大部分的东西都是混合物。我们每天呼吸的空气、每天喝的饮料和牛奶、每天吃的零食全都是混合物。

根据构成物质的状态不同，混合物主要可以分为两大类。不同物质均匀混合形成的混合物称为均匀混合物（比如饮料、空气等），不同物质不均匀混合而成的混合物称为不均匀混合物（比如岩石、牛奶等）。在接下来的"开心课堂"中，我们还将更详细地讲解如何区分均匀混合物和不均匀混合物。

生活中的化学故事 2

为什么18K的金戒指比24K的金戒指更结实

大家都见过金戒指吧，乍看之下所有的金戒指都是亮光闪闪，并没有什么不同。但这些戒指可是分为14K、18K、24K等好几种类型呢。再仔细一看我们就会发现，戒指的颜色和价格也有所不同。24K的戒指散发夺目的光芒，价格也特别昂贵；14K和18K的戒指则相对光芒比较暗淡，价格也更便宜。不同的戒指硬度也不一样。24K戒指没有14K和18K的戒指结实，一不留神就容易出现划痕。明明24K、18K、14K的戒指都是金戒指，为什么会有各种各样的差异呢？

金是一种产量极少的贵重金属。

不同种类的金戒指

自古以来，人们就认为金子是宝贝，喜欢将金子做成各种高级装饰品。直到今天，金也依旧被看做是尊贵的象征。但金有一个致命缺点，那就是不够结实。所以在电视剧和电影中我们时常会看到发现金子的主人公用牙咬金的片段，这样做的目的大多是鉴别金子的真伪——咬得动的就是金子，咬不动的就是黄铜。

为了弥补金子不结实的缺憾，人们想到了在金中混入价格较低廉的铜和银等金属，做成金合金。所谓合金，就是由两种或两种以上的金属或金属与非金属经一定方法所合成的具有金属特性的物质。例如，在纯铁中加入13%或18%的纯铬，就形成了"不锈钢"。不锈钢被广泛运用于锅等厨具的制造。制造合金时，添加元素并不一定非要是金属，氢气、氧气等气体也可以作为添加元素。

为了区分不同纯度的金，我们采用"K"来表述。没有掺杂任何东西的100%纯金被称为24K（百分百的纯度是很难实现的，对技术的要求非常高，所以一般出售的金饰品都是近似百分百的纯度），含有75%纯金的合金被称为18K，含有58.3%纯金的合金被称为14K。合金不仅可以保持金的固有色彩，还能让金更加坚固，便于制作成金币、金牙（假牙）等各种东西。

我们周围有许多和金戒指一样由合金构成的金属物品。合金弥补了纯净物金属的缺点，使用起来非常方便。现在人们已经尝试用各种金属来混合，并且不断改变混合比例以制造出更多不同性质的混合金属。

制作合金时，最重要的一点是作为原材料的各种金属必须是不掺杂任何其他物质的纯净物。因为只有纯净物相混合，才能调配好合金的成分比例。所以制造合金时，从混合物或不纯净物中提取出纯净物是必不可少的步骤。

24K金戒指和蒸馏水的共同点

▶▶ 由单一物质构成的纯净物

由单一物质构成的物质称为纯净物。氢气、氧气、蒸馏水、氯化钠等都是纯净物。

区分纯净物与混合物的最常用方法就是熔点（冰点）或沸点测定法。纯净物的加热曲线或冷却曲线在一定区间内会保持水平不变，这是因为热能被用于纯净物的状态转变，所以在这一区间内温度既不会上升也不会下降。

下图是液体状态下的物质A和物质B的加热曲线图。由图中两条曲线上出现的水平区间可以看出，A和B都是纯净物。水平区间的温度就是物质A和物质B的沸点。

让我们看一看典型的纯净物——水。我们这里所说的"水"不是海水或自来水，而是指将这些水蒸馏之后得到的纯净物——蒸馏水。

纯净的蒸馏水在1标准大气压和0℃的条件下结冰。但作为液体的水完全结为冰之前，也就是在冰点（熔点）状态时，蒸馏水是没有温度变化的。此外，蒸馏水在1标准大气压和100℃的

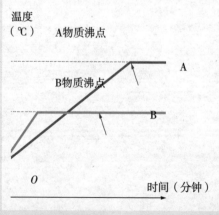

纯净物的加热曲线图

沸点区间内没有温度变化，看来这是纯净物。

温度计

条件下沸腾，作为液体的水完全变为水蒸气之前，沸点区间内温度也是没有变化的。通过这样的加热试验我们可以判断出什么是蒸馏水，什么是海水。

▶▶ 失去物质纯粹性的混合物

由两种或两种以上的纯净物组成的物质称为混合物。在混合物中，各种物质保留着原有性质。空气和盐水就是典型的混合物。

正如我们所知，空气是由氮气、氧气、二氧化碳、水蒸气等各种纯净气体混合而成的。盐水则是由纯净物盐和水均匀混合之后形成的混合物（但盐水中的盐和水并没有失去原有性质）。在自然界中，混合物要比纯净物多得多，因为要想在自然界中维持物质的纯粹性，实在是非常困难的事情。

和纯净物不同，混合物没有固定的熔点（冰点）、沸点和密度。各种物质的混合比例决定了混合物的不同性质。我们可以用物理方法来分离混合物中的各种物质。另外，在加热曲线图或冷却曲线图中，水平部分的成分物质的数值虽然有表现，但正如右边的盐水冷却曲线中所表现的那样，很多时候水平区间都是不会表现得非常清楚的。

此外，如果是固体与液体混合而成的物质，其沸点要比纯

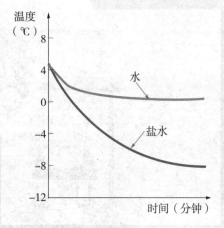

液体混合物的冷却曲线图

净物液体的沸点高，混入的固体量越多，沸点就越高。所以盐（固体）和水（液体）混合而成的盐水沸点要比纯水的沸点高。

▶▶ 均匀混合物与不均匀混合物

根据混合物的混合状态，可以分为均匀混合物和不均匀混合物。均匀混合物是纯净物相互均匀混合而成的，其成分比例一定，所以取出任何一个部分来比较都会发现成分是完全相同的。空气、盐水、煤气等都是均匀混合物。所以韩国首尔的空气和中国北京的空气成分是完全一样的（在不考虑空气污染的前提下）。

相反，不均匀混合物就是各成分物质不均匀混合而成的。所以混合物中各部分的物质构成比例都各不相同。水泥、牛奶、混凝土就是典型的不均匀混合物。这些物质的共同点是随着时间流逝，混合物中密度较大的物质会沉入底部。

关于纯净物和混合物的叙述型问题

 如下图所示，冬天到来时我们需要在汽车上使用防冻液。那么防冻液的作用是什么呢？

汽车发动机的作用是促使燃料燃烧、使汽车发动。在发动机工作时会排出大量的热量使温度升高。如果这种热度不断持续，发动机就会出现故障，影响汽车的正常行驶。为了给汽车发动机降温，我们需要使用冷却水。

但冬天到来时，如果不加防冻液直接使用冷却水的话，水就会结冰从而造成汽车发动机故障。为了防止这一情况的发生，我们需要使用一种混有乙二醇乙醚的防冻液。这种防冻液是利用了混合物的冰点比纯水的冰点要低的原理。只要使用足够量的防冻液，即使在−30℃的低温下汽车发动机也不会冻坏。

 下页图片里的药片就是被用作止痛剂的阿司匹林了。阿司匹林是一种常用药，相信大家都吃过一两次的吧。那么阿司匹林是怎样发明出来的呢？

药物的历史是从植物、动物中提取纯净物开始的。从混合物中适当提取纯净物，制造新的混合物——这种方法已经在我们的生活中得到了广泛运用。

早在古希腊时期，人们就懂得用柳树皮中分泌的水杨酸来镇痛了。柳树皮具有降温、缓解疼痛的效果。但是这种物质会给胃部造成很大负担，吃起来非常痛苦。这个问题随着野生锦绣菊中分泌的阿司匹林的发现而得到了解决。

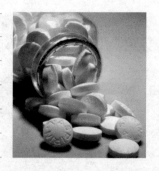

从前，每到寒冷的冬天，妈妈就会把烤炉中烤过的热石头拿给我们当暖手袋。现在，我们都喜欢使用学校门口文具店里卖的暖宝宝了。暖宝宝里装有铁粉，但据说里面的铁粉并不完全是铁，而是掺杂了许多其他物质的混合物。为什么暖宝宝里的铁粉不是纯铁粉呢？

铁粉置于空气中会渐渐与空气发生氧化反应（与氧气结合发生的化学反应），变成氧化铁。在这个过程中，会产生一种被叫做氧化热的热能。

暖宝宝正是利用了这样的原理。用于制造暖宝宝的铁粉粉质非常细腻，由于其表面积非常宽广，很容易与空气接触，所以氧化反应也发生得特别快。但如果让铁粉在很长时间里慢慢发生反应的话，就不用担心口袋燃起来或烧坏了。

那么，怎样才能调节氧化反应发生的时间呢？暖宝宝中的高温铁粉与纯净空气相结合，的确会迅速地发生氧化反应并放出热量，最后变冷。但是市场上贩卖的暖宝宝通常都可以持续发热12小时以上，这是因为里面混合了许多其他成分，比如活性炭粉（木炭粉）和盐。这些物质可以减缓铁粉与空气接触的时间，使暖宝宝可以持续地为我们提供热量。

怎样利用磁铁和密度差异对混合物进行分离

混合物中的各种物质还可以分离出来，变回原来的物质。麦片粥里的铁成分就可以用钕钴强磁体分离出来。海水中泄漏的原油也可以利用密度差异分离出来。

假设 如果想将孕妇吃的营养铁粉中的铁成分分离出来，应该怎么做呢？

生活中的化学故事 1

怎样将铁成分分离出来

在匆匆忙忙赶着上学的早晨，麦片粥无疑是节约时间的最佳早餐选择。但是有的麦片包装上标示的成分表中竟然有铁。铁明明是制造机械或工具时使用的金属材料，为什么会出现在我们吃的食物里呢？

原来，这是因为铁是我们身体所必需的无机盐类之一。如果一个人长期吃素，身体里就会缺乏铁元素。铁是我们身体的构成成分之一，是构成红细胞中血红蛋白的主要成分，如果我们摄取的铁元素不足，就很容易患上贫血症。

为了补充身体所需要的铁，有些麦片里会加入铁成分。但我们

经常看到的金属铁是不能被身体吸收的。所以要把铁制成易于吸收的状态添加到麦片粥等食品中。

那么我们怎样才能将麦片里的铁成分找出来呢？那就要用到磁体了。一般的磁铁磁性较弱，很难将麦片里的铁吸出来，只有用磁性超强的钕钴强磁体才行。钕钴强磁体是由铁、钕（Nd）、硼（B）等元素混合而成的超强磁体。通常被用于需要超强磁力的

各种各样的钕钴强磁体

HDD（磁盘驱动器）、CD-ROM等电脑零件的制造。即将问世的电子汽车的驱动器也会用到钕钴强磁体。我们将钕钴强磁体放在泡好的麦片粥附近，就能看到麦片粥跟随磁体移动的现象。

此外，将麦片薄薄地撒开，再将钕钴强磁体放在附近，也能将麦片里的铁成分分离出来。还有贫血患者服用的营养铁粉也会被钕钴强磁体吸附起来。

现在我们知道了，只要利用磁铁的磁性，就能轻松地将混合物中的铁成分分离出来。废品回收站里的

被钕钴强磁体吸附起来的麦片

起重机也运用了磁铁的原理。起重机上装有用电力调节磁力大小的电子磁铁。用这样的方法就能将从千家万户收集来的废品里的铁制品分离出来。有关磁的更多相关内容，我们可以阅读另一本《物理原来可以这样学》。

生活中的化学故事 2

怎样清除泄漏在海面上的石油

如果输油船在海上发生事故沉没的话，船上的原油就会流入大海。泄漏在海上的原油会隔离海面的氧气，而且原油本身就含有有害物质，不仅会导致海洋中的鱼类死亡，还会让靠吃鱼类为生的陆地动物死亡。

原油泄漏还会导致大海附近的生态环境遭到严重破坏。为了减少原油泄漏带来的危害，我们需要将泄漏在海上的原油迅速清理出去。那么怎样才能清理这些泄漏的原油呢？

原油与海水密度不同，所以流入海水后会漂浮在海面上。人们正是利用了原油的漂浮特性找到了清理办法。

　　发生原油泄漏事故的海域会浮满原油，受海浪和波涛的影响，这些原油可能还会漂到更远的地方。为了防止泄漏的原油继续扩散，首先需要在事故发生的周围设置一种名为"oil fence"的油栏（通常是用塑料等易浮于水的物质制造而成）。然后，再在水上撒满溢油分散剂，用它来吸收原油，但用溢油分散剂吸油的方法必须要人工操作，非常辛苦，且吸完油的溢油分散剂还要焚烧或掩埋，又会造成对环境的再次污染。

　　在油栏架好之后，我们也可以用装有吸油机器的船来去除原油，还可以将分解原油的药物撒在海面上帮助原油分解。但分解原油的药物本身也含有有害物质，所以不能大量使用。另外，将泄漏的原油烧毁也是方法之一，但原油燃烧的同时会产生大量有害气

油栏

体，所以这种方法也不能经常使用。

用上面这些方法都不能完全地清理掉海上的原油。所以通常我们只是在污染比较严重的区域或是海水养殖场附近进行原油清理，剩下的泄漏区域就只有靠海洋的自身净化系统去清理了。正因如此，一场输油船泄漏事故很可能会造成长达数十年的有害影响。

用磁铁分离铁！
用密度差异分离水与油

▶▶ 怎样分离不同的金属呢？

我们可以将由一种元素组成的单质统分为金属和非金属。而这种分类法的判断标准就是电流。能导电的就是金属，不能导电的就是非金属。铁、铜、金、银等物质属于金属，硫黄、石英（玻璃的主要成分）等属于非金属。

在分离金属混合物时，最常用的工具就是磁铁了。例如，想将铁粉与银的混合物分离开来，可以将混合物放在磁铁附近，被磁铁吸附起来的就是铁粉了。

如果使用套有塑料的磁铁来分离，效果就更好了。因为铁粉一旦被没套塑料的磁铁吸附起来，就很难弄下来了。只要有了塑料套，直接将塑料从磁铁上取下来就可以去除铁粉了。因为塑料没有磁力，所以附在塑料上的铁粉很容易就掉下来了。

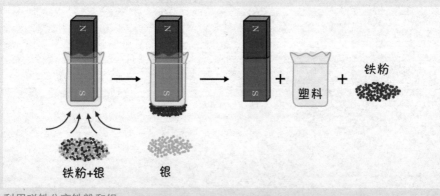

利用磁铁分离铁粉和银

114

▶▶ 怎样分离互不相溶的两种液体？

如果我们做菜时一不小心将油倒进水里，千万不用慌张，只需要将油水混合物静静地放置一段时间就好了。因为食用油和水的密度不同，所以它们会自然而然地分离开来。密度较大的水在一段时间后会沉入水底，密度较小的油则会浮于水上。

要想将两种互不相溶且密度不同的液体分离开来，只需要利用它们的密度差异就可以了。如下图所示。

液体体积较小的情况下，可以将液体放入试管中，待分层现象发生后用滴管或注射器将上层液体抽出来。在液体体积较大的情况下，可以用分液漏斗进行分离。

此外，利用这种原理还可以对互不相溶的两种液体密度进行比较。例如，水和四氯化碳混合后，四氯化碳会向下沉，水会向上浮。这是因为四氯化碳的密度比水的密度要大。又比如，水和乙醚混合之后，水会向下沉，乙醚会向上浮，这是因为水的密度比乙醚大。

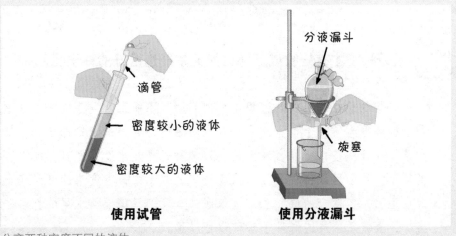

分离两种密度不同的液体

115

关于利用磁铁和密度差异进行分离的叙述型问题

 下图拍摄的是某回收工厂。工厂里的机器将废弃电子产品进行粉碎，并从粉碎后的物质中筛选出有用物质。现在这些粉碎后的电子产品正通过传输带移动着，用什么方法能迅速将传送带上的铁成分分离出来？

坏掉的电子产品丢进垃圾箱之后并不会从此消失。如右图所示，输送带上的电子产品正被粉碎成一小块一小块的，随后又按钢铁、塑料、贵重金属等类别进行分类。这时只要用巨大的磁石  将铁块吸附起来，输送到别的地方聚集在一起就可以了。收集后的铁块进入炼铁炉中，又可以重新制造出新的电子产品了。

 选好种子才有好收成。那么如何才能选出好的种子呢？

有些种子在果实成熟过程中出现问题，不能正常发芽生长。这些种子也被称为"秕子"。我们可以利用密度差异将秕子筛选出来。好种子里成分完整，所以密度比较大，坏种子里几乎没有发育，所以密度较小。我们可以将种子放入浓度适当的盐水中，密度小的坏种子会浮在上面，密度大的好种子会沉入底部。我们只需要将上层的坏种子去掉，直接用下层的好种子播种就可以了。

下图拍摄的是著名的死海。在死海中，哪怕完全不会游泳的人也不必担心溺水。这是为什么呢？

　　在死海中，不管人再怎么努力往下沉也很难沉到海里。这是因为死海的水含盐度超高，密度非常大。体重再重的人密度也比不上死海的海水密度，所以即使完全不会游泳的人也不必担心溺水。

 现在有水、白糖、七色颜料、7个中等大小的玻璃杯和1个巨大的杯子。用这些材料就能做出彩虹水塔的实验。请简述一下实验方法。

　　首先将7个玻璃杯摆好。然后将7种颜料分别放入7个玻璃杯中，并使每个玻璃杯中的水量相等。然后再在每个玻璃杯中分别溶入一定量的白糖：从左到右，第1个杯子放入10 g,第二个杯子放入20 g，第三个杯子放入30 g……以此类推。然后在巨大的杯子中首先放入溶有70 g白糖的水，再放入溶有60 g白糖的水，接着放入溶有50 g白糖的水……以此类推。这样，彩虹色的水塔就做好了。

　　这个实验利用了白糖水之间的密度差异。溶入白糖越多的水密度越大，所以放在杯子的最下层也不会上浮。

▶▶ **利用溶解度进行分离**

怎样利用溶解度对混合物进行分离

所谓溶解度就是一定温度下100 g溶剂所能溶解的最大溶质质量。不同的物质溶解度也各不相同，所以我们可以利用不同物质的溶解度差异进行混合物分离。

假设 我们将一定量的食盐和白糖放入常温下100 g水中，怎样才能将这两种物质分离呢？

生活中的化学故事 1

为什么中药需要长时间的煎煮

一提到中药，大家就想到中医院里用塑料瓶装的黑色液体了吧？（译者注：在韩国，中药都是在医院里熬好了再装进塑料瓶里。）但是在十几年前，人们喝的中药是要放在药罐子里熬的，要先把水和中药材放进罐子中，再一边熬一边调节火的大小，煮好之后还要用布来过滤。正因如此，也有人说熬药时的诚心才是中药治病的秘诀。那么，为什么熬中药需要那么长的时间呢？

中药是利用中药材里的有益成分来治

熬中药时使用的中药罐子

118

疗我们的身体疾病。因此，将药材中对人体有益的成分分离出来是
关键。大部分的物质都是温度越高，对水的溶解度就越大。将中药
材放入水中长时间熬煮，就是为了让药材中各种成分的溶解度尽可
能地增大，高温下长时间煎煮能让中药中的有效成分充分溶解在水
中，继而发挥出良好的药效。

在熬中药的过程中，不仅利用了物质的溶解度，还使用了萃取
和过滤这两种方法。萃取就是像熬中药一样，使用只能将混合物中
特定成分溶解的溶剂进行分离。例如，绿茶茶包放在水里能让绿茶
的成分溶解于水中，豆子放在乙醚中可以分离出脂肪成分等都属于
萃取。过滤就是像将中药里的残渣去除一样，当溶剂中易于溶解的
物质和不易溶解的物质混合在一起时，用滤纸或筛子等工具进行分
离。

生活中的化学故事 2
利用溶解度差异制成的盐有哪些种类

我们使用的盐有许多不同种类。既有颗粒如沙粒大小的粗盐，

也有颗粒如白糖大小的调味盐（精盐）。此外，还有一种颗粒大小适中的细盐。那么，这些不同种类的盐除了形状之外还有哪些不同之处呢？

通常，盐是海水注入盐田后蒸发制成的。盐田里制作的盐是粗盐，里面除了包含盐的主成分氯化钠之外，还有许多其他成分。

将粗盐的颗粒变细，去除多余成分之后就是细盐了。制作细盐时，要将粗盐溶入水中，将水煮沸至100℃以上，再等水冷却。这种方法也被称为再结晶法。再结晶法利用的原理是：当溶液温度下降时，溶质溶解度会减小，无法溶解的溶质部分就会形成结晶。不过粗盐中的杂质量相对较少，所以即便在温度下降的情况下也很难结晶。这时我们就需要将粗盐溶液中的纯净物溶质先分离出来。此外，在再结晶的过程中，冷却速度不同，形成的结晶的大小和形状也各不相同。所以我们可以利用这一特性制作出特定形状大小的结晶。用再结晶法制造而成的细盐中氯化钠含量比粗盐高10%左右，所以味道更咸。

此外，在制作好的食盐中加入各种调味料，就成了我们平时吃的调味盐。

用溶解度差异分离混合物

▶▶ 溶解度在不同状况下有所不同?

在一定温度下100 g溶剂所能溶解的最大溶质质量是溶解度。溶解度通常用单位"g"来表示。溶剂通常是指水。

但正如下图所示,即使是在相同的溶剂中,根据溶质种类的不同,所能溶解的质量也各不相同。而且即便是在溶质相同的情况下,根据溶剂种类和温度的不同,所能溶解的质量也不同。所以要想了解某种物质的溶解度,就必须先弄清楚是在"什么样的温度条件下",在"什么样的溶剂"中溶入"什么样的溶质"。此外,溶解度还会受到压强的影响,但我们考虑的溶解度通常都是在1标准大气压条件下的溶解度。

例如,在30℃的气温下,某溶质A在200 g水中溶解了20 g,达到了饱和状态。假设溶质A的溶解度为X,我们已知溶解度是在100 g溶剂中所能溶解的最大溶质量,所以我们可以用X:100=20:200这个式

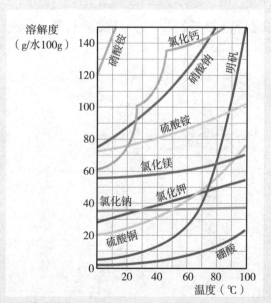

溶解度曲线图

子来表示。解开算式得出$X=10$（g），即A物质的溶解度为10 g。

▶▶ 利用溶解度差异进行固体混合物分离

现有食盐和粉笔灰混合而成的粉末，如何能将粉末中的食盐分离出来呢？

首先，将食盐和粉笔灰的混合物溶解于水中，再用滤纸将粉笔灰过滤出来就可以了。这个方法利用了食盐溶于水，粉笔灰不溶于水的性质。像这样特定溶剂中可溶性固体和不可溶性固体混合在一起时，可以使用一种只能溶解其中一种溶质的液体做溶剂，再用滤纸来进行分离。

在利用过滤装置过滤混合溶液时，先如下图所示将过滤纸折叠起来，然后根据"一贴、二低、三靠"的原则进行过滤分离。"一贴"是指滤纸紧贴在漏斗上，不留有空气；"二低"是指滤纸的边缘比漏斗的边缘低，液体的边缘比滤纸的边缘低；"三靠"是指烧

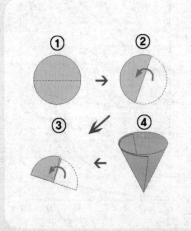

折滤纸的方法

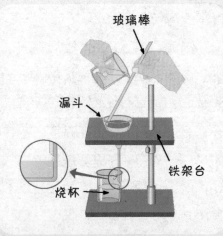

过滤混合溶液的方法

杯紧靠在玻璃棒上，玻璃棒下端紧靠在滤纸上，漏斗的下端紧靠在下面的烧杯壁上。

那么，要将食盐和白糖这样同时能溶于水的物质分离开来，应该怎么做呢？这时候就要利用食盐和白糖在水中的溶解度差异了。食盐在水中的溶解度几乎不受温度影响，但白糖在冷水中溶得比较少，在热水中溶得比较多。要想将这样溶解度有差异的两种固体物质从水中分离开来，只要将它们全部溶于热水中再静置至冷却，溶解度受温度影响较大的物质（和食盐相比，白糖的溶解度受温度影响比较大）就会重新变为固体。

像这样利用溶解度差异从固体混合物中分离出纯净物的方法称为结晶分离法。前面提到的粗盐提纯时使用的再结晶法就是结晶分离法的一种了。

利用结晶分离法，我们可以将氯化钠和硼酸两种混合在一起的固体物质分离开来。由于氯化钠和硼酸粉末看上去非常相似，肉眼很难辨认。但如右图所示，氯化钠的溶解度受温度影响较小，硼酸

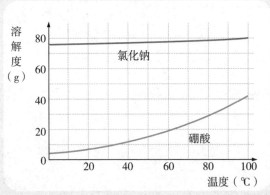

氯化钠和硼酸的溶解度曲线图

的溶解度受温度影响较大。我们可以利用这一点来对这两种物质进行分离。

如果在100 g、100℃的水中放入氯化钠和硼酸各35 g，则两种物质都会在水中溶解。然后将水温冷却至0℃，氯化钠的溶解度为36 g，所以35 g氯化钠全部溶解，硼酸的溶解度为3 g，所以只有3 g溶解了。因此，剩下的32 g硼酸无法溶解在水中，全都以结晶的形式残留了

过滤装置

下来。用过滤装置对混合物进行过滤，过滤纸上留下的物质就只有硼酸结晶。再对剩下的溶液进行蒸发，重复上面的过程，让水中剩余的硼酸继续析出，最后就能得到纯净的硼酸结晶了。

▶▶ 利用溶解度差异进行气体混合物分离

由于不同的气体在水中的溶解度也各不相同，我们还可以利用溶解度差异对气体混合物进行分离。氨气、氯化氢、二氧化硫等气体在水中的溶解度较高，氮气、氧气、氢气等气体在水中的溶解度则较低。所以如果我们将氨气和氧气的混合气体通入水中，氨气就会溶于水中，氧气则只有一小部分溶于水中。因此，我们就能轻松地将氧气分离出来了。

关于利用溶解度进行分离的叙述型问题

 为什么煮野菜前要先将野菜浸泡在水中？

煮之前先将野菜浸泡在水中是为了去除野菜中的苦味。野菜中带苦味的成分如单宁、皂甙（dài）等在水中的溶解度相对比较高，所以将野菜浸泡在水中后再煮就能去除这些较苦的成分。同理，我们也可以将洋葱、大蒜等带有刺激性味道的食材浸泡在水中，以除去其中散发辣味的蒜素成分。

 假设我们在实验室中一不小心将氯化钠和萘（nài）的粉末混在一起了，用什么方法才能将这两种物质分离呢？

氯化钠易溶于水，萘不易溶于水。但萘在酒精中溶解得很快。所以如果我们将这两种物质同时放入酒精中，萘会迅速溶解，氯化钠则会以固体的形式沉淀下来。这时我们可以用过滤装置轻松地将氯化钠和萘分离开来。反复进行这个实验，就能得到纯净的氯化钠固体。

▶▶ 利用沸点进行分离

怎样利用沸点分离混合物

如果对某种液体混合物进行加热，首先以气体形式沸腾起来的物质就是混合物中沸点最低的物质了。

假设 我们不小心把水和酒精混在了一起，只要利用沸点差异就能将酒精分离出来。这是因为酒精的沸点比水低，会先以气体的形式从混合液中分离出来。

生活中的化学故事 1

怎样将海水变为饮用水

如果我们在航海途中将饮用水弄丢了应该怎么办呢？海水又不能喝，船上的人看来要吃苦头了。要解决这个问题最好的方法当然是将船停靠在附近的岸边寻找新的饮用水，但万一船正行驶在太平洋的中央，要想靠岸就不是那么容易的事了。漂浮在水中却因为没有水喝而备受煎熬，这实在是一个让人哭笑不得的场景。

如果在这种情况下我们忍不住去喝海水，会造成怎样的后果呢？有可能会引起脱水和心脏功能异常，继而陷入更加危险的状况。这是因为海水中含有的盐分浓度比我们体液中的盐分浓度要高得多。因此，如果想喝海水的话，必须首先将海水中的盐分去除。

这时最常用的方法就是将海水煮沸了。只要将海水煮沸蒸后留下的水蒸气重新冷却，就能得到不含盐分的饮用水了。

像这样将液体沸腾产生的蒸气进行冷却以获取纯净物的方法就称为蒸馏。我们可以利用蒸馏法将液体混合物或含固体溶质的溶液中的各种物质分离开来。

随着地球人口的不断增加，用水量也在不断加大，缺水现象在世界各国都时有发生。所以不少国家都在积极研究将海水转化为淡水的方法。尤其是在沙特阿拉伯等国家，大部分的国土都是沙漠，寻找水源非常困难。这些国家从50多年前就开始用各种方法将海水转化为饮用水了。

海水淡水化装置（韩国）

黑色的石油是如何变成透明的挥发油的

　　如果有一天地球上的石油枯竭，我们再也不能使用石油的话，生活会变成什么样呢？到了那一天，汽车和飞机将再也不能运行，各种利用石油发展起来的行业都将衰落，电能也会变得不足。此外，如果没有石油的话我们就无法建设柏油公路，无法制造以石油为原料的塑料、油漆等工业化学制品。总之，没有石油的现代社会，实在是让人难以想象。

　　石油可以称得上是一种化石。因为石油是由数亿年前地球上生活的生物尸体演变而来的。那些生物死后被掩埋在江河湖海的最底端，上面覆盖了层层的堆积物，再加上地热和地压长时间的影响，最后就变成了石油。

128

从地底下抽出来的石油被称为原油，是一种青黑色的不透明液体。原油是由多种成分混合而成的混合液体。而汽车或暖气设备中使用的挥发油、煤油看上去却和原油完全不同，它们是透明的。原油经过了怎样的处理，才会完全改变了颜色呢？让我们一起来解开这个疑问吧。

要想分离原油这样的液体混合物，只要利用各成分的沸点差异就可以了。我们已经知道，对纯净物进行加热时，在某个特定区间下（即沸点温度下）物质会在一定时间内保持固定温度。但由于混合物中混合了各种液体，所以在混合物的加热曲线中，保持固定温度的水平区间也会有很多个。每一个水平区间都代表了一种液体的沸点。所以只要找到一个水平区间，将在水平区间的温度下蒸发的气体再次液化，就能将液体的各种成分分离出来。

分离原油中各个成分的地方长得像一座高塔。这种塔被称为蒸馏塔。蒸馏塔的内部有许多层，楼层越高，温度就越低。在分离原油时，我们首先要对原油进行高温加热，使其蒸发为气体，再将气体输送至蒸馏塔内部，然后沸点不同的各种气体成分在温度不同的各个楼层中被分离开来并产生液化现象。例如，原油中的丙烷或丁烷等物质以气体的形式保留下来，最后留下的没有液化的残渣中的柏油就被用于道路建设。这个过程中，挥发油是液体成分中第一个发生蒸馏现象的，所以挥发油里面不含其他成分，呈透明色。各层中发生液化的成分通过管道输送到世界各地，并被运用于我们生活的方方面面。

蒸馏塔

利用沸点差异分离混合物

▶▶ 蒸馏与分馏有什么区别？

　　想必大家都已经知道，液体状态下的水煮沸之后会产生气态的水蒸气了吧？水蒸气冷却之后又会重新变回液态的水。只要利用这个原理，再污浊的水也能提取出纯净水来。在电影《未来水世界》中，主人公用自己的小便来制造饮用水喝，他所采用的方法就是将小便煮沸蒸发，再让蒸发产生的水蒸气冷却，以提取饮用水。

　　像这样将由两种沸点差异较大的液体物质混合而成的混合物进行加热，并将蒸发出来的气体进行冷却，最后得到纯净液体的方法就称为蒸馏。

　　而将由两种以上的液体混合而成的混合物用蒸馏法进行分离就称为分馏。如果对液体混合物进行加热，沸点较低的物质就会先蒸馏出来，沸点较高的物质就会后蒸馏出来，所以用分馏的方法是可以分别提取不同的纯净物的。

　　右图是水和甲醇的混合物加热时的图像。水的沸点是100℃，甲醇的沸点是64.5℃。甲醇

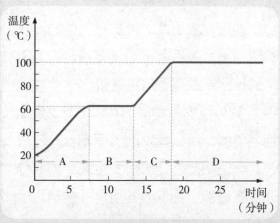

水和甲醇混合物的加热曲线图

是工业酒精的主要成分，人误饮后容易引起甲醛中毒，导致失明甚至是死亡。

对混合物进行加热至64.5℃时（图中A），甲醇就会先蒸发为气体（图中B），而水要在温度上升到100℃（图中C）时，才会以水蒸气的形式蒸发出来（图中D）。

所以如果我们将64.5℃时蒸发出来的气体进行冷却，就能得到纯净的甲醇，再将100℃时蒸发出的气体进行冷却，就能得到纯净的水。这样就实现了水与甲醇的分离。

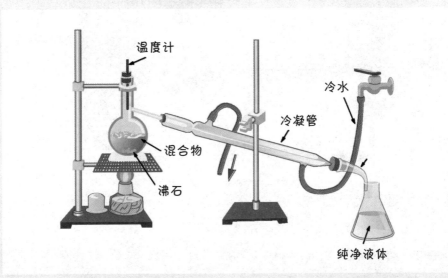

利用沸点进行液体混合物分离的装置

▶▶ 石油分离的原理

分馏的最典型例子就是石油的分离了。石油可以分离为挥发油、轻油、煤油等。石油的分离是在蒸馏塔中完成的，蒸馏塔内越高的楼层越能将沸点较低的成分分离出来，越低的楼层越能将沸点较高、难以汽化的成分分离出来。分离的顺序依次为挥发油（汽油）、煤油、轻油、重油。

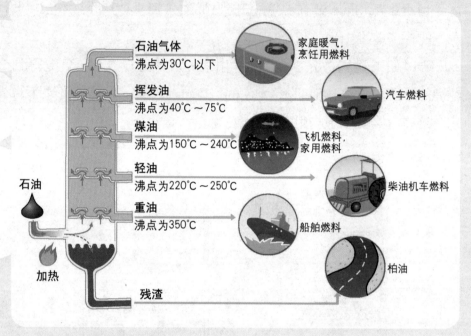

石油气体
沸点为30℃以下
家庭暖气，烹饪用燃料

挥发油
沸点为40℃～75℃
汽车燃料

煤油
沸点为150℃～240℃
飞机燃料，家用燃料

轻油
沸点为220℃～250℃
柴油机车燃料

重油
沸点为350℃
船舶燃料

石油

加热

残渣

柏油

利用分馏装置进行石油的分离
石油中各成分的用途

有关利用沸点进行分离的叙述型问题

 怎样将空气中的氧气和氮气分离开来？

　　医院中使用的氧气、实验室中使用的液氮等都是从空气中分离出来的。在构成空气的气体中，氮气和氧气成分占了99%以上。所以只要利用氮气和氧气的沸点差异，就能将这两种气体分离开来。氮气的沸点是−195.8℃，氧气的沸点是−182.96℃。

　　我们可以先将空气液化，然后对液态空气进行加热。随着温度的增加，氮气首先汽化，我们将汽化的氮气分离出来后再次将其液化，就得到纯净物液化氮了。而剩下的液体是纯净的液化氧，所以不需要继续分离，直接使用就可以了。

 假如洗甲水（主成分为丙酮）和化妆水混在了一起，要想将洗甲水重新分离出来，应该怎么做呢？

　　丙酮的沸点大约在56.5℃。如果想要将丙酮分离出来，只需要在丙酮和化妆水的混合溶液中插入温度计，待加热到56.5℃时，将沸腾涌出的气体收集起来就得到丙酮了。但这时的丙酮可燃性很强，所以一样要将盛装丙酮与化妆水混合的溶液的仪器放入水中之后再加热（水浴加热），不能直接放在火上加热。

怎样利用色谱法进行分离

　　正如我们之前学到的那样，利用磁铁、密度差异、溶解度差异、沸点差异都可以进行混合物分离。除此以外，我们还可以利用色谱法进行物质的分离。食品成分检验或血液检查中都会用到色谱法。

假设 你知道日常生活中哪些是用到了色谱法分离物质吗?

生活中的化学故事 1

为什么墨水一遇到水就会晕染开来

　　书包被雨水打湿时，里面的本子很可能也会浸湿。打开被浸湿的本子，我们就会发现用钢笔写的字迹全都晕染开了，根本看不清写的什么。再仔细看我们就会发现，原本用黑色墨水写的字迹竟然被染成了各种不同的颜色。这究竟是为什么呢?

　　这是因为我们使用的墨水是由多种物质混合而成的。由于各种成分在水中溶解后，在纸上浸染的程度不同，形成了各种不同的形状。仔细观察这些晕染开的颜色就会发现，墨水的颜色不同，是由于构成墨水的物质也有所不同。

　　不过，用圆珠笔写出来的字即使被水浸湿也不会晕染开来。这

是因为圆珠笔里的成分不溶于水。

　　由上可知，构成混合物的各种成分在溶剂中溶解后，会在纸或薄膜上以不同的速度移动。利用这种特性进行混合物分离的方法就被称为色谱分离法。

食品成分检查是如何进行的

　　现在我们吃的食物中，有不少都存在食品安全隐患。这是因为许多食物都受到抗生素或重金属的污染。有的人为了增加农作物产量，在其生长期间使用大量的农药；有的人为了让家畜长得更肥壮，给它们喂化学饲料；还有的人为了让家畜不生病，而给它们注射抗生素。此外，环境污染导致农作物中出现越来越多的重金属和激素，现在新闻报纸上经常都可以看到食品中检查出有害成分的报道。因此，只有进行正确而彻底的食品成分检验，才能将这些对人体有害的成分排除在食品材料之外。

　　那么，如何才能将食品材料中含量极小的有害物质检验出来呢？现在的成分检验方法多种多样，但最常用的还是色谱分析法了。

　　利用色谱分析法，我们能将极少量的混合物或是含有多种成分的混合物中的各种成分分离出来。如果成分十分相似，还可以用更换溶剂等方法来进行分离。现在人们已经发明出了自动用色谱法进行成分分析的装置，这样的装置操作简单、分离效率高，还能节约时间。

利用色彩的晕染

▶▶ 利用色谱法进行混合物分离

色谱法（Chromatography）是1906年由俄国植物学家茨维特发明的。他在分离叶绿素的实验中第一次使用了色谱法。"色谱法"这一词语源于拉丁文，"Chroma"的意思是"颜色"，"Graphy"的意思是"有用的东西"，合起来的意思就是"用颜色来分离混合物的方法"。

混合物的溶液会在纸、粉笔或是固体上浸染并显现不同颜色是因为构成混合物的各成分物质浸染的速度不同。某种成分浸染上升的高度与溶剂上升高度的比值就是这种物质的特性。所以在同等条件下，如果两种物质分离出的颜色相同、浸染的高度的比值相同，则这两种物质是同一种物质。

在纸上进行色谱分析法

利用色谱法进行混合物分离时，关键的一点是要选择能让各种成分都能溶解的溶剂。而且，为了能让溶剂在纸上顺利浸染，一定要选择一种合适的晕染道具。根据晕染道具的不同，色谱法又可以分为纸色谱、管色谱、薄膜色谱、气相色谱法等。

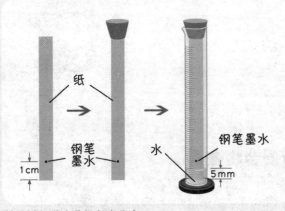

利用纸色谱法进行色素分离

色谱法的优点有：操作简单、能在短时间内分离混合物，且不论混合物的量多与少都能一次性将其所有成分分离出来。所以色谱法在树叶色素分离、试剂（通过淀粉或颜色变化来显示化学变化时状态的一种纯净化学品）混合物分离、血液成分分析等各种实验中得到了广泛运用。

有关利用色谱法进行分离的叙述型问题

 如下图所示，在医院做全身检查时需要验血。验血的结果都会显示在写有许多项目的血液化验单上。医生是如何对血液中这么多的不同成分进行检查的呢？

在我们身体里流动的血液中，不仅含有人体自带的各种物质，还含有酒精、咖啡因等从外界摄取的物质，所以血液的成分是多种多样的，用一般的方法很难将血液的成分逐一检验出来。这时我们就需要使用色谱法了。医生们正是利用专业的色谱分析仪对血液成分进行检查的。

此外，在奥林匹克运动会等国际运动赛事中进行的药检也用到了色谱法。运动员服用的药物进入身体后，发生了一系列物理反应和化学反应，最后以小便的形式排出体外。如果对小便进行色谱法分析，就能检查出运动员是否服用过违禁药物了。

怎样辨别那些制作精湛的假钞呢？

支票、钞票上都隐藏着各种各样的防伪标志。从纸张的质量与密度，到激光防伪图像，到在光线照射下才会显现的隐蔽图像及在紫外线照射下才会产生的变化……各种各样的防伪标志都能够有效地杜绝假币。

但假如有一种伪造法可以将上述所有的防伪标识全都伪造出来，又应该如何鉴别呢？这时我们就可以用色谱法对伪钞或假支票上的油墨进行鉴定了。色谱法能够很快分辨出油墨的真伪，帮助我们做出正确的判断。

蝎子是一种可自产生毒液的动物，如下图所示。假如我们想将蝎子的毒液提取出来并分析这种毒液的成分。应该使用哪种方法呢？

事实上，俄罗斯科学家曾经对越南蝎子的毒液进行研究。他们将蝎子毒液中的蛋白质提取出来，发现了蝎子利用毒液将猎物麻痹并杀死的真相。整个实验过程如下：

首先，科学家们将蝎子的毒液溶于水中。再通过圆心分离器将毒液中的有毒成分（蛋白质）分离出来。接下来，用色谱法对蛋白质进行分离，获取了7种纯净的有毒蛋白质。

之所以在这个实验中会采用色谱法，是因为构成蝎子毒液的蛋白质量极少、种类又较多。科学家们通过对蝎子毒液的分析，研究出了解毒药物。

第六章

物质的构成

★物质的成分与表现　物质是由什么构成的

物质是由什么构成的

我们周围有很多物质看上去是完全不同的，它们的外观和物理性质也完全不一样，但是它们却是由同一种元素构成的，只是构成这些物质的微粒的排列方式不同而已。

假设

你知道吗？戒指和耳环上闪闪发光的钻石竟然与铅笔的原料石墨是同一种元素构成的。只要改变石墨的碳分子排列，石墨也能变成钻石。

生活中的化学故事 1

烟花的美丽色彩是怎样制作而成的

相信大家一定看过缤纷烟火在夜空中绽放的美景吧。美丽的烟花有星形的，有闪电形的，也有花朵形的，真可谓是形状各异，色彩缤纷。你想不想知道，这些美丽的烟花是怎样制造而成的呢？就让我们一起来解开这个谜题吧。

事实上，我们在实验室中也

焰火晚会

可以通过焰色反应制造出烟花的美丽色彩。所谓焰色反应，就是指金属或它们的化合物在灼烧时都会使火焰呈现特殊的颜色。

我们可以根据混合物在焰色反应中显示出的火花颜色来分析其组成元素。例如，当物质中含有金属锂（Li），火花会呈红色；当物质中含有金属钠（Na），则火花会呈黄色；还有含钾（K）呈紫色（要透过蓝色钴玻璃观察，这样可以滤去其中含有的钠所产生的黄色光）、含钙（Ca）呈朱红色、含铜（Cu）呈青绿色、含锶（Sr）呈深红色、含铯（Cs）呈青色、含钡（Ba）呈黄绿色，等等。

烟火的显色原理与焰色反应的原理基本相同。不同点是烟火将焰色反应的场所从实验室移到了广阔的天空。另外，烟火中除了金属外还含有爆炸物成分，只有这样才能让参与反应的金属在天空中绽放光彩。

同时，烟火装置中还装有调节火药爆炸温度的混合物质。在这些混合物质的作用下，爆炸的火花温度各异，亮度也各不相同，继而形成了夜空中美丽多姿的烟花。

生活中的化学故事 2

钻石与石墨居然是同一种元素构成的

铅笔中的黑色笔芯是由石墨制造而成的。石墨被公认为是一种既常见又便宜的物质。而钻石自古以来都是美丽和尊贵的象征。所以不少人很自然地觉得，石墨与钻石是两种毫无共同点的不同物质。但令人难以置信的是，这两种物质竟然是由同一种元素碳（C）构成的。那么为什么本质相同的两种物质，外表却是如此天差地别呢？

事实上，这是因为构成石墨的碳分子与构成钻石的碳分子排列结构不同。石墨分子结构较为松散，呈六面型片状叠加；钻石的分子结构非常坚固，呈正四面体网状排列。石墨与钻石之所以会出现如此大的结构差异，是因为它们在地下所处的位置不同。钻石通常都被埋藏于地底深处，受到的热能与压力比石墨要大得多，所以它的分子结构更加严密结实。

除了石墨与钻石之外，碳分子还能构成其他不同物质。以前人们

钻石

石墨

144

以为自然界中的碳化合物只有石墨和钻石，但现在人们已经发现，只要将许多碳分子连接在一起，还能生成多种新型碳化合物。1990年，科学家们尝试在真空状态下的石墨上发射强烈激光，并从残留黑烟中发现了60个碳分子呈足球状连接的新型碳化合物——富勒烯（C_{60}）。此外，碳纳米管也是由6个碳分子组成的六角形管状碳化合物。碳纳米管根据其构造不同，导电性能也各不相同。同时，碳纳米管还具备良好的半导体性质和金属性。

总而言之，同一元素构成的物质根据其分子排列的不同，可以形成各种外形各异的不同物质。

铁为何用"Fe"来表示

►► 了解了元素符号的历史，就可以对死记硬背说NO！

某制铁公司的电视广告中曾经出现一个大大的"Fe"。不知道有多少观众读懂了这个广告的含义呢？当然，相信大部分的观众看到"Fe"都会心领神会，只有少数的人才会对这两个字母一无所知。"Fe"就是铁的元素符号。我们之所以用字母做元素符号，一是因为简单好记，二是因为这样更便于全世界不同国家的科学家共同使用。

元素符号的历史非常悠久。首先创造元素符号的是古代埃及人。他们将金属的7种元素比作天上的7颗星星，并用不同的符号表示出来。这些看似简单的符号对后世影响深远，直到中世纪时炼金师们依然还在使用它们。

到了19世纪初，英国科学家道尔顿将当时已发现的所有化学元素进行了一次系统整理，并将各个元素都用不同的简单图像表示出来。但毕竟每种元素都用图像表示有点太过繁琐，于是瑞士科学家裴勒塞利乌斯第一个想到了用文字来表示元素。从此以后，用文字

古代的元素符号

名字	符号	名字	符号	名字	符号
氢气	⊙	镁	⟨⟩	铜	Ⓒ
氮气	⓵	钙	⟨∿⟩	铅	Ⓛ
碳	⬤	钠	⓵	银	Ⓢ
氧气	○	镓	⓵	金	Ⓖ
硫	⊕	铁	Ⓘ	白金	Ⓟ
磷	⟨∧⟩	锌	Ⓩ	水银	☼

道尔顿发明的元素符号

表示的元素符号得到了普遍运用，一直沿用至今。

元素符号通常用元素的拉丁语名称或希腊语名称的第一个字母来表示。如果几种元素名称的第一个字母相同，就在第一个字母后面加上元素名称中另一个字母以示区别。为了方便世界各国科学家共同使用，最近发现的元素多用元素的英语名称来表示，需要格外注意的是，书写元素符号时第一个字母必须大写，第二个字母必须小写。例如，氢气（Hydrogen）的元素符号是H，氧气（Oxygen）的元素符号是O，碳（Carbon）的元素符号是C，钴（Cobalt）的元素符号是Co，铁（Ferrum）的元素符号是Fe，铜（Cuprum）的元素符号是Cu等。

▶▶ 化学式是怎么来的？

元素可以用元素符号来表示，化学物质也可以用符号来表示。科学家们约定将构成物质的元素的结合体用"元素符号+表现元素数量的数字"来表示。这种表示被称为化学式。

用元素符号表示物质分子的组成及相对分子质量的化学式使用

起来非常方便，并且全世界通用。氧气的化学式是O_2，二氧化碳的化学式是CO_2。化学式中的数字就是构成分子的元素个数，通常写在字母的右下角。如果元素的个数为1，数字就省略不写。分子的个数写在字母的前面，例如2个氧分子就写成$2O_2$，3个氢分子就写成$3H_2$，等等。

离子构成的物质（如氯化钠）是没有化学式的，这些物质的化学式可以用构成元素的原子个数比的最简关系式来表示，也就是所谓的实验式。例如，氯化钠的实验式是NaCl，氯化钙的实验式是$CaCl_2$等。

此外，镁、铜之类的固体是由单一种类的原子有序结合构成物质的，所以它们也没有化学式，直接用元素符号Mg、Cu来表示就可以了。大家一定很想知道，如何才能记住这么多物质的化学符号吧？只要我们了解了这些化学式的原理，背起来就轻松多了。

▶▶ 焰色反应与光谱

要想找出构成物质的各种元素，就要将物质进行化学分离。最简单的分离方法就是利用元素的焰色反应了。但需要注意的是，有些元素虽然种类不同，但发生的焰色反应却是相同的。

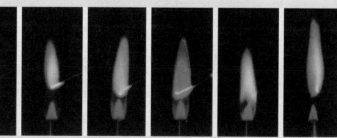

各种元素的焰色反应

例如，锂和锶的焰色反应都是发出红色火花，所以很难区分。那么，有什么办法可以将这些难以通过焰色反应来区分的元素区分开来呢？

这时光谱就派上用场了。我们可以透过三棱镜看到阳光的彩虹色光谱，我们也可以透过分光镜（一种利用光谱来观察物质发出的光亮的装置。用分光镜分析星球的光谱线，就能分析出该星球的大气成分构成、表面温度等）看到元素火焰的光谱。但阳光光谱是连续光谱，元素光谱却只显现几种颜色，所以元素光谱又被称为明线光谱。元素的种类不同，其明线光谱的颜色、线的位置、线的粗细也有所不同，所以明线光谱被看做是区分元素的最准确方法。

连续光谱

太阳或白炽灯发出的光谱。如下图所示，连续光谱包含从红光到紫光的各种色光。

白炽灯的连续光谱

明线光谱

元素的光谱都是明线光谱。元素不同，其线的颜色和位置也有所不同。

镉的明线光谱

水银的明线光谱

氢气的明线光谱

关于物质的成分与表现的叙述型问题

 做饭时不小心将盐掉入火中，火花的颜色会发生改变。这是为什么呢？

做菜时如果不慎将盐掉入火里，就会发现火光变成黄色。之所以发生这种现象，是因为盐里含有钠成分。钠的焰色反应呈黄色，所以盐掉入火中火光会变成黄色。

 如下图所示，夜晚的城市街道上总是挂满了五彩斑斓的霓虹灯。霓虹灯为什么会发出各种颜色的光芒呢？

霓虹灯是由直径约12~15 mm的细长玻璃管构成，在玻璃管的两端有铜和铁构成的圆筒状电极。霓虹灯的发光原理和日光灯一样，都是在高压电作用下，玻璃管中的气体导电发出光芒。

根据玻璃管中气体成分的不同，霓虹灯的颜色也各不相同。例如，如果玻璃管中装的是氖气则显红色，装的氩气则显紫色，装的水银则发出青绿色光芒。不仅如此，对各种气体的比例进行调节，还能制造出更多不同的颜色。

第七章

物质变化的规律

物理变化与化学变化的区别

木头既可以做成木炭，也可以做成火柴棍。木头变成木炭要经过化学变化，木头变成火柴棍却只发生物理变化。

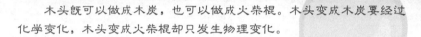

假设 现在有一瓶冰牛奶和一瓶坏掉的牛奶，哪一瓶里发生了物理变化？哪一瓶里发生了化学变化？

生活中的化学故事 1

木炭是怎样制造而成的

木炭上烤出来的肉吃起来总是特别香。这是因为木炭中含有大量的蜂孔，能将肉块均匀地烤熟。此外，木炭还有很强的净化作用。所以韩国人做大酱的时候，就会将木炭和酱糗子一起放在大酱

窑

木炭

罐子里，用木炭来去除异味。那么，益处多多的木炭究竟是怎样制造而成的呢？

首先，将木柴放入窑（用来烧制碗、砖头、木炭的地方，里面通常有罐子和烟囱）中点火燃烧。等木柴完全烧着之后，将窑与外界相连的出口全部封死，以防止空气流入。待木柴燃烧2~3天后，将封死的出口重新打开，等烧完的木柴冷却之后就变成木炭了。

与之前放进窑里的木柴相比，木炭不管是在颜色、形状还是组成微粒上都发生了巨大改变，是一种全新的物质。

将某种物质变为与原来性质完全不同的物质的过程，或者说生成其他物质的变化，就称为化学变化。我们常见到的铁制品生锈、泡菜变质、木柴燃烧、蜡烛燃烧等现象都属于物质的化学变化。

与化学变化相对应的是物理变化。冰融化为水时，物质的性质并没有发生改变，只是状态由固体变成了液体。像这样性质不发生改变，只是状态或外形发生改变的过程，或者说没有其他物质生成的变化，就称为物理变化。典型的物理变化有：物质的扩散、溶解、状态变化。比如，汽油的挥发、铁水铸成锅、蜡烛受热熔化等现象就属于物理变化。

为什么洗涤剂与漂白剂同时使用会造成危险

我们经常使用洗涤剂或漂白剂来清洗衣服上的污渍和厨卫的污渍。市场上卖的漂白剂既有粉末状的，也有液体状的。液体漂白剂的学名应该是次氯酸钠水溶液。我们要注意的是，液体漂白剂不能与普通洗洁剂同时使用，否则会对人体造成很大的危害。这究竟是为什么呢？

普通家用漂白剂根据其主要成分的不同，分为氧（O）漂白剂和氯（Cl）漂白剂。氧漂白剂通常是粉末状，氯漂白剂大部分是液体状。

氧漂白剂的主要成分是过碳酸钠和过氧化氢的结合物，溶于水后过氧化氢（H_2O_2）分解释放出氧气泡，达到漂白的作用。氧漂白剂的杀菌漂白力较弱，但优点是能够保护深色衣服不掉色，且不会产生对人体有害的物质。

氯漂白剂的主要成分是氯化钠（盐）和氧元素结合形成的次氯酸钠。次氯酸钠的杀菌能力强，所以通常用来清洁厕所和游泳池。但氯漂白剂的缺点是不能用来洗深色衣服，而且味道比较难闻。

有的人为了把东西洗得更干净，会把洗洁剂和氯漂白剂混在一起使用。

但是氯漂白剂里的次氯酸钠与酸性物质相遇会发生化学反应，

产生氯气（Cl$_2$）排放到空气中。在第一次世界大战中，德国纳粹军队曾经用氯气来屠杀犹太人，由此可见氯气是一种会对人体造成巨大伤害的有毒气体。因此，使用氯漂白剂时要尽量避免接触皮肤，而且千万不能与其他洗涤剂混合使用。为了避免可能出现的意外，最好还应选择在通风良好的地方使用。

区分物理变化与化学变化

▶▶ 如果只有状态和外形发生改变会怎样？

如果用钳子把铁钉弄弯，钉子会发生什么变化呢？当然是形状和大小发生改变吧。但钉子本身的性质并没有发生改变。不管是弄弯前的钉子还是弄弯后的钉子，放到磁铁附近都会被吸附。这样的变化就是物理变化。

也就是说在物理变化过程中没有其他物质（新物质）生成。例如，打碎的杯子、撞坏的汽车、溶化的白糖大部分都属于物理变化。

▶▶ 如果物质的性质发生变化会怎样？

如果我们将铁钉放到比较潮湿的地方，铁钉会发生怎样的变化呢？将铁钉静置一段时间后我们就会发现，铁钉生锈了，而且变得松软，甚至手一碰就会折断。这时我们再把铁钉放在磁铁旁边，就完全不会发生吸附现象了。这样的变化就是化学变化。也就是说在化学变化过程中有其他物质（新物质）生成。我们周围总是时刻

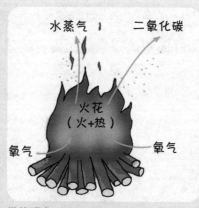

燃烧现象

不停地发生着各种化学变化。

木头燃烧变成灰烬的过程中，物质也经历了"燃烧"这一化学变化。

所谓燃烧，就是物质与氧气结合变为其他物质，并发出光和热的现象。例如，实验室中的酒精灯芯点上火后，酒精与氧气发生反应并进行燃烧，这时会发出光和热，还会产生二氧化碳和水。燃烧完后，酒精和氧气消失，取而代之出现了二氧化碳和水这两种新的物质。

我们每天吃的食物经过消化又以大便的形式排出体外，这个过程中大部分的变化也属于化学变化。还有牛奶变质、电池充电等现象都是化学变化。

化学变化发生时，很容易让人产生一种物质质量增加的错觉。原本抬起来很费力的木柴燃烧后变成又轻又小的木炭，这些事实也很容易让人觉得物质经过化学变化后质量发生了改变。但事实上，这种想法是错误的。因为木柴燃烧时质量并没有减少，而是大部分以二氧化碳气体的形式排放到了空气中。

我们可以在实验室中对这种现象加以确认。例如，铁燃烧之后的质量是燃烧前铁的质量与参与燃烧的氧气质量的总和。

总之，当化学反应发生时，反应前后物质的整体质量是不变的，这也就是所谓的质量守恒。

铁燃烧前后的质量变化

关于物理变化和化学变化的叙述型问题

 木炭与灰烬有什么区别?

木炭与灰烬的最大差异就在他们的含碳量。由于木炭在燃烧过程中隔绝了空气,所以燃烧后生成的主要成分是碳。而

木炭

灰烬

灰烬是物质在燃烧过程中没有隔绝空气,有氧气参与了燃烧过程,物质中含有的大量的碳元素都与氧元素结合生成了二氧化碳气体分散到了空中,所以与木炭相比灰烬剩余的碳含量要多得多。

不过木炭燃烧以后还是会变成灰烬,并且不能再次燃烧。

 每当冬天来临,大家都会拿一个暖宝宝在手里。请问暖宝宝的发热原理是什么?

暖宝宝分为粉末型和液体型,两种类型的暖宝宝发热方式也各不相同。粉末型暖宝宝里装的是铁粉,发热原理是利用铁粉与空气中的氧气结合发生化学反应,同时会放出热量的特性。前面我们已经讲过具体的使用原理。

液体型暖宝宝则是由一种名为硫代硫酸钠的溶液制造而成。硫代硫酸钠在通常情况下为固体，受热后变为液体。液体状态的硫代硫酸钠性质极不稳定，遇到冲击就会发热并凝固为固体。液体型暖宝宝正是用这一原理制造而成的。

 人是恒温动物，所以保持适当的体温对人来说非常重要。请从化学变化的角度谈谈为什么人一定要保持适当的体温。

体温调节对人和动物来说都非常重要，因为身体里发生的各种化学变化都必须在相对固定的温度下才能进行。呼吸、消化等过程大部分都属于化学变化，在这些变化中发挥决定性作用的就是酶了。酶的主要成分是蛋白质，蛋白质的特点是受热极易变质，所以酶只有在适当的温度下才能完成各种化学变化。一旦我们的体温出现异常，酶的功能也会跟着出现问题。

温度变化会对酶造成巨大的影响。一旦体温过高或过低，都会使酶的功能失调，继而造成维持生命所必需的各种化学变化无法完成。所以对恒温动物而言，将体温维持在一定范围内是非常重要的。

哪些反应属于化学变化

参与反应的单质和化合物性质不同，产生的化学反应也各不相同。将氧气和氢气以一定比例混合在一起，就能制造出水。像这样两种或两种以上的物质相互结合变为一种物质的化学变化称为化合反应。

假设 同样是氧气和氢气，除了相互反应生成水以外，它们还能结合生成别的物质吗？

生活中的化学故事

为什么牙膏中含有氟

氟（F）是一种毒性很强的元素。所以经常用于制造杀虫剂和老鼠药。但奇怪的是，有的牙膏中也含有氟。为什么我们使用的牙膏中会含有如此危险的元素呢？

牙膏中的氟化合物与构成牙齿的钙（Ca）结合，能够产生一种预防蛀牙产生的混合物。尽管氟是危险物质，但在预防蛀牙上却有非常出色的效果。所以有的牙膏中会加入少量的氟。那么氟真的不会对我们的身

体造成危害吗？

　　当然不是了。如果我们刷牙之后没有认真地漱口，大量的氟就会进入身体内，对我们的生命安全造成威胁。所以通常含氟的牙膏上都会写有"请勿吞食"等警告字样。

化学反应也是有规律的

▶▶ 各种类型的化学反应

　　我们周围发生的各种化学反应可以分为化合反应、分解反应、置换反应、复分解反应等。化学反应之所以有这么多不同类型，是因为参与反应的单质或化合物的性质各不相同。

　　首先，让我们来了解什么是化合反应。两种或两种以上的物质结合产生一种新物质的化学反应称为化合反应。例如，下页中的图片所示，氧气和氢气在容器中发生反应，引起电火花，并生成了水。像这样氢气和氧气化合生成水的反应就是化合反应。氢气气体和氧气气体结合变成水时，两种气体的体积比通常为2∶1；如果氢气和氧气的体积比不是2∶1，则发生反应后超出比例的剩余气体就会残留下来。

　　接下来，让我们看看什么是分解反应。分解反应就是一种物质经过化学反应后，变成两种或两种以上的新物质。根据分解方式的不同，分解反应可分为热分解、催化分解、电机分解等。其中电机分解就是一种通过电流让物质分解的方法。

　　例如，如果让水通电，组成水分子的氢元素和氧元素的结合方式就会被破坏，氢氧两种元素就是各自按照新的结合规律生成氢气和氧气。但是纯净水是不导电的，所以要在水中加入少量硫酸才能接通电流。对水进行电解后，（＋）极上产生的是氧气气体，（－）极上产生的是氢气气体。此时氢气和氧气的体积比是2∶1。

再来看看什么是置换反应。所谓置换反应，就是原本结合的元素碰到更容易结合的元素，就与原来相结合的元素分离，与新元素结合在一起的反应。也就是一种单质与一种化合物反应，生成另一种单质和另一种化合物的

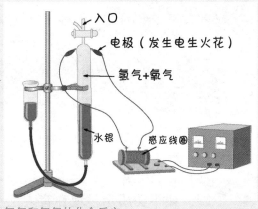

入口

电极（发生电生火花）

氢气+氧气

水银

感应线圈

氢气和氧气的化合反应

反应。金属溶于盐酸（HCl）后发生的反应很多都是置换反应。铁（Fe）放入盐酸后，铁的颜色发生变化并生出气泡，这时产生的气泡就是氢气（H_2），铁则变为了氯化亚铁（$FeCl_2$）。

这个反应的化学式如下：

$$Fe(铁) + 2HCl(盐酸) = FeCl_2(氯化亚铁) + H_2(氢气)\uparrow$$

（箭头朝上表示反应结果中生成了气体）

由化学式可知，盐酸中的氢元素被铁元素置换了。

最后，再来看看复分解反应。所谓复分解反应，就是由两种化合物相互交换它们的组成成分，生成另外两种新的化合物的反应。复分解反应是最常见最多发的反应类型。判断一个反应是否是复分解反应的标志是：生成的另外两种新的化合物中是否有水、气体和沉淀中的一种。其中很特别的一个复分解反应类型就是新生成的两种化合物中有水的，这种复分解反应我们又称为中和反应。中和反应多见于酸和碱的反应。

关于化学变化的类型的叙述型问题

　地球上石油煤炭的储藏量日益减少，新能源的开发迫在眉睫。如下图所示，现在有人正在试图制造一种用水代替石油做燃料的汽车。请分析水做燃料的原理，并阐述这种新能源是否存在缺陷。

十几年前，我们只有在电影和小说里才会看到用水做燃料的汽车。但现在，这种新能源汽车已经进入了研发阶段。水做燃料可以产出氢气，燃烧氢气的过程中又会生成水，水又能重新产出氢气，所以

水能源汽车MHV₄

和整天排放废气的汽油相比，水燃料实在是一种安全无污染的环保新能源。现在，宇宙飞船上的能源供给就是利用水做燃料的。

但问题是要想普及水燃料，并不是想象的那么简单。因为电解水制造氢气的成本非常高，且分解过程中会消耗大量的电能，所以从经济角度来看水燃料的实用价值并不高。现在，科学家们正在尝试利用植物光合作用过程中会分解水分产生氢气这一特性，研发更经济实惠的新能源。

水燃料的另一个缺陷是氢气的可燃性太强。所以要想将水能源汽车普及推广，首先就要想办法解决氢气使用过程中的安全问题。

氯漂白剂为什么总是装在塑料瓶里?

放置时间越长,氯漂白剂的效果就越弱。这是因为自然状态下次氯酸钠会分解生成其他物质,失去漂白功效。光线会促使这个分解过程加速进行。所以如右图所示,氯漂白剂一定要装在不透光的塑料瓶中。

此外,实验室中使用的许多化学药物也必须装在黑色玻璃瓶或不透明的瓶子中。这也是因为这些化学药品会在光照作用下分解,失去原有性质。我们做实验的时候一定要充分考虑化学药物的这些特殊性质,才能将化学实验做得又好又安全。

▶▶ 质量守恒定律
质量是如何守恒的

为了解开物质燃烧后质量变轻的谜底，18世纪的科学家们甚至制造了一种名为燃素的假想物质。

假设 如果拉瓦锡没有发现质量守恒定律，科学家们说不定又会为了那些解释燃烧后物质质量增加的现象而发明新的假想物质了。

生活中的化学故事 1
橙汁和牛奶混合在一起会发生怎样的变化

如果在牛奶中混入橙汁，搅拌后会产生一种白色物质。如果在牛奶中混入醋，同样的现象会再次发生。那么，为什么牛奶中放入橙汁或醋会产生白色的固体沉淀呢？

沉淀

这一切都是因为牛奶中含有名为"酪蛋白"的蛋白质。酪蛋白在酸性溶液中会变为固体。所以含有酪蛋白的牛奶与酸性溶液醋、橙汁等混在一起会产生白色沉淀。

所谓沉淀，就是发生化学反应时生成了

不溶于反应物所在溶液的物质。

那么在生成沉淀的反应中，反应前和反应后物质的质量有没有发生改变呢？既然产生了沉淀，是不是物质的质量变得更大了呢？

我们做面包时会放入一种名为小苏打的物质。这种物质的学名是碳酸氢钠（$NaHCO_3$），如果将碳酸氢钠水溶液与氯化钙（$CaCl_2$）水溶液混合在一起，就会出现白色的沉淀和二氧化碳气体。这个反应的化学反应式如下：

$$2NaHCO_3 + CaCl_2 = 2NaCl + CaCO_3\downarrow + H_2O + CO_2\uparrow$$

（箭头朝下表示反应结果中生成了沉淀）

当然，我们在做面包时放入小苏打是不会生成沉淀的，这里我们主要是利用了碳酸氢钠受热后会发生分解反应生成二氧化碳气体的性质。二氧化碳气体散发后会在面包中留下很多小孔，使做出来的面包松软可口。

$$2NaHCO_3 + CaCl_2 \xrightarrow{\triangle} Na_2CO_3 + H_2O + CO_2\uparrow$$

接着说碳酸氢钠与氯化钙的反应，这个反应的生成物质是氯化钠和碳酸钙，氯化钠易溶于水，所以我们很容易判断出沉淀物质是碳酸钙。通过化学反应式我们可以看出，在生成沉淀的反应中，并没有新物质加入，而是参加反应的物质产生了反应。最后我们可以发现，反应前后物质的质量并没有发生变化。所以，那种认为"有沉淀物生成就说明物质质量变大"的说法是错误的。

生活中的化学故事 2

为什么煤炭燃烧后会变轻

在韩国，暖气供暖已经普及，所以即便到了冬天也很少有人会烧煤取暖了。但在我们父母成长的那个年代，几乎每家每户到了冬天都得用煤炭取暖。黑色的煤炭完全燃烧后会变成煤炭灰。煤炭灰可以撒在结冰的路面上，起到防滑的作用。

煤炭的价格低廉，一直受到普通家庭的喜爱。但为什么煤炭燃烧后重量会变轻呢？一块煤炭的重量足足有3.6 kg，抬起来非常费力。而燃烧后的煤炭灰即使好几个堆在一起也可以毫不费力地抬起

重要的取暖燃料——煤炭

燃烧后的煤炭灰

那么重的煤炭怎么变这么轻了呢?

煤炭灰

来。燃烧反应就是物质发出光和热或者火花,迅速与氧气结合的氧化反应。也可以看做是物质的化学能量转化为热能的过程,燃烧反应大部分都是产生热量的发热反应。

还有一些物质与煤炭相反,燃烧之后重量反而会增加。铁和铜就是这样的物质。那么,为什么燃烧反应前后物质的质量会发生变化呢?

过去,科学家们曾为这个问题伤透了脑筋。直到拉瓦锡发现质量守恒定律之后,科学家们才知道化学反应发生前后参与反应的物质的总质量是没有变化的。

以煤炭为例,煤炭中的碳、氢和氧结合生成二氧化碳、水蒸气、一氧化碳等气体物质,这些气体产生后就飘到了天空,所以燃烧后煤炭的质量就变轻了。另外,铁和铜与氧结合会生成氧化铁和氧化铜,因为加入了氧的质量,所以质量会增加。

即使肉眼看不见，质量依旧守恒

▶▶ 质量真的发生变化了吗？

物质燃烧后会变轻或变重。这个问题曾经让科学家们百思不得其解。一些科学家甚至创造了一种名为燃素的假想物质，试图用这种物质来解释燃烧前后物质的质量变化。

18世纪，德国化学家施塔尔第一个提出了燃素说。燃素在希腊语中意为"火花"，施塔尔认为纸或树木等易燃物质中含有大量燃素，随着物质的燃烧，这些燃素就会挥发在空气中消失殆尽，最后只留下灰烬。这种理论虽然可以解释燃烧反应后质量变轻的物质，但如果用来解释像铁这样燃烧后变重的物质，就完全行不通了。

▶▶ 发现质量守恒定律的拉瓦锡

法国化学家拉瓦锡为了证明燃素说不成立，特地制作了一个密封塑料瓶和精巧的天平。他在天平上放入精确测量过质量的锡粉，并对锡粉进行加热直至灰烬产生。然后再测量燃烧后灰烬的质量，发现燃烧前后锡粉的质量完全相同。

最终，拉瓦锡通过实验发现，物质燃烧时氧气是必要条件。1774年，拉瓦锡进一步发现，产生沉淀的化学反应和燃烧反应一样，参与化学变化前各物质的质量总和等于反应后各物质的质量总和。尽管在化学变化的过程中有新的物质生成，但反应前后的总质量并不会增加也不会减少。这就是著名的质量守恒定律。

拉瓦锡

当物质通过化学变化成为与原来性质完全不同的新物质时，"反应物质"和"生成物质"的质量相等。这个过程的化学式表达如下：

反应物质(A)+反应物质(B) ══ 生成物质(C)+生成物质(D)

反应物质(A+B)的质量=生成物质(C+D)的质量

例如，氧气与氢气发生化学反应产生水时，氧气与氢气的总质量与反应后生成的水的质量是相等的。

此外，如下图所示，碳酸钙与稀盐酸发生反应生成二氧化碳时也存在同样的关系，即：（碳酸钙+稀盐酸）的质量=（氯化钙+水+二氧化碳）的质量。

在拉瓦锡之后，科学家们又继续研究发现质量守恒定律之所以成立是因为物质发生化学变化

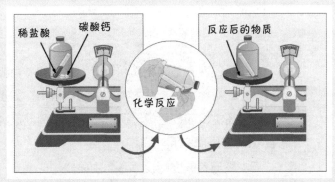
碳酸钙与稀盐酸发生反应

时组成物质的微粒数量并没有变化，变化的只是微粒的排列方式。所以即便物质通过化学变化成为其他物质，其质量也不会改变。

关于质量守恒的叙述型问题

 当我们到温泉或山上玩耍时，会发现用地下水洗手时很难将手上的肥皂沫洗干净。那么为什么肥皂在地下水中很难溶解呢?

与自来水相比，地下水中含有更多的钙（Ca）、镁（Mg）等无机物。这些物质与肥皂发生化学反应产生了沉淀，所以肥皂很难洗干净。像这样含有大量无机物的水，称为硬水。与硬水相对应的是软水。我们家里使用的自来水就是经过软化处理的水。

硬水煮沸之后，会在锅底产生一些白色沉淀。这些沉淀就是水中的无机物质在高温下反应产生沉淀而形成的。沸腾后去除沉淀的水就是软水了。在石灰岩堆积较多的欧洲地区，这种含大量无机物的硬水也很多，所以欧洲地区的水如果不煮沸喝的话，是会引起腹痛腹泻的。

从化学角度来看，物质可以分为有机物（有机化合物）和无机物（无机化合物）两大类。所谓有机物，就是构成生命体的物质，在生命体中合成。通常淀粉、葡萄糖这样分子式中含有碳（C）的物质就是有机物。

无机物与有机物相反，不含生命体构成成分，一般来讲不含碳（C）。一氧化碳、二氧化碳、碳酸、碳酸盐等物质虽然含有碳，但因为其与无机物的性质更接近，所以将其归类为无机物。

▶▶ 固定成分比例的规律

每种物质都有固定的成分比例吗

物质按照组成的元素不同，可以分为单质和化合物。化合物就是含有不同元素的纯净物，单质就是由同种元素组成的纯净物。在物质中，构成化合物的不同元素的质量比是一定的。

假设 水中的氢元素和氧元素的质量比是一定的，总是1:8，如果这个比例变了的话，它们组成的化合物还是水吗？

生活中的化学故事 1

汽车的车身和车轮质量之间也存在着一定的比例吗

汽车是现代文明的标志，每一台汽车的生产都经过了重重把关。因为汽车中哪怕一个零件出现故障，也可能会造成人员伤亡。所以汽车制造的每个环节都经过了精确设计，最后出来的汽车成品也要经过几轮测试才敢投入市场卖给顾客。

轮胎就是汽车中一个非常重要的部件。4个轮胎保持了汽车的车身平衡，并且保证了汽车能够在道路上平稳行驶。同一款汽车的车身与轮胎的质量比值也是相同的。假设我们生产出来的汽车每一台车身和轮胎的质量比都不一样，那汽车的稳定性就会出现很大问题了。比如汽车可能会在行驶过程中朝着质量较重的一边倾斜，急转

弯的时候甚至可能会翻车。

化合物与车一样，也必须保持一定的质量比。化合物是由多种元素聚集而成，各种元素间的质量比通常都是一定的。例如，水是氢元素和氧元素构成的化合物。水中氢元素和氧元素的质量比通常都是1∶8。假设在两者的质量比超过这一比值的情况下坚持进行化学反应，是无法制造出水的，即使制造出了水，水也会很快重新分解回氢气和氧气。不仅是水，大部分的化合物都遵循这一原则。

生活中的化学故事 2

水与双氧水有什么区别

我们经常用双氧水来给伤口消毒。双氧水的化学式是H_2O_2，水的化学式是H_2O，比较这两种物质我们可以发现，它们都是由氢元

素和氧元素构成的。唯一不同的是1个双氧水分子比1个水分子多了1个氧原子。但是，如果有人拿双氧水当水喝，一定会引起非常严重的后果，甚至死亡。因为仅仅是多1个氧原子，物质的特性就已经发生了完全的改变。

固定比例定律

▶▶ 一定成分比定律

将氢气和氧气结合生成水时，参与反应的氢气与氧气的质量比永远都是1∶8。尽管氢气与氧气以任何比例都可以混合在一起，但只有在质量比为1∶8时，才可能生成水。比1∶8质量比多出来的氢气或氧气不会参加反应，而会残留下来。也就是说，1 g氢气与10 g氧气混合在一起燃烧，其中1 g氢气会与8 g氧气反应产生9 g水，剩下的2 g氧气则不会参加反应。

如右图所示，2 g氢气与4 g氧气的混合气体点燃后，0.5 g的氢气与4 g氧气发生反应产生了4.5 g水，剩下的1.5 g氢气则没有参加反应。

这一规律在任何化学反应都能得到体现。如果我们对空气中的镁进行加热，就会生成氧化镁。

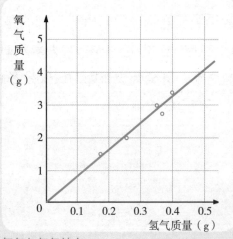

氢气与氧气结合

此时在质量已知的熔锅中放入镁，先测定出镁的质量，再测定出生成氧化镁的质量，如下图所示，镁+氧气══氧化镁（质量比=3∶2∶5），即化学反应发生时所需的镁与氧气的质量比永远都是3∶2。

最先发现这一规律的人是法国科学家普鲁斯特，他在1799年发现："两种或两种以上的元素结合产生化合物时，反应成分物之间随时都保持固定的质量比。"这就是一定成分比定律。后来，经过对一定成分比规律的进一步研究，科学家们又发现："化合物是由两种或两种以上的元素以固定的排列构成的。"这一理论也有力地支持了牛顿的原子论。

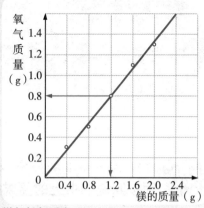

镁与氧气反应

▶▶ **倍数比例定律**

一定成分比定律发现后，英国科学家道尔顿在寻找甲烷（CH_4）和乙烯（C_2H_4）的相对分子质量过程中发现，同一种类的化合物在形成时，各组成元素也存在着一定的比例关系，他对含氮元素的化合物进行了研究。

当点燃氮气时，出现的含氮元素氧化物有N_2O、NO、N_2O_3、NO_2、N_2O_5等五种物质。结果一种元素（氮）的一定量与结合的其他元素（氧气）的质量比呈简单的整比关系，即和下面的比例关系一样：

在把N_2的质量看做1的情况下，各种氮氧化合物里氧元素的整数比呈1：2：3：4：5的比例关系。接着，道尔顿将两种元素混合，制造两种种以上的化合物，发现依然呈简单的整比关系。这就是倍数比例定律。

关于固定成分比例定律的叙述型问题

 药物说明书上都写有服用剂量的相关说明。为什么我们必须按照说明书上的要求来吃药呢？

药物是由各种治疗疾病的物质混合而成的混合物质。不同的药物作用在不同的器官上，才能达到相应的治疗效果。药物说明书上写的服用剂量，是研究人员经过多次试验之后得出的最佳量度。按照说明书上的服用剂量来吃药，就能让器官细胞与药物成分最有效地发生化学反应。

因此，如果我们不按规定剂量服药，就达不到预期的治疗效果。此外，过量服用药物还会导致化学反应过度，对我们的身体造成危害。

 为什么在伤口上抹双氧水会出现气泡呢？

我们身体的血液中，含有一种名为过氧化氢酶的酶。它是新陈代谢的生成物。如果在伤口涂抹消毒作用的双氧水，伤口部位上的血液就会分泌过氧化氢酶。当双氧水将对人体细胞有害的病菌从氧气和水中分离出去时，过氧化氢酶可以在这个反应过程中发挥催化剂的作用。由于过氧化氢酶的催化作用，双氧水就会更好地分解出病菌，所以就出现了我们看到的氧气泡沫。